CHILDREN'S WILDLIFE ATLAS

拜访野生动物的家

【英】约翰·法恩登（John Farndon）/ 著

苏靓　徐强 / 译

中国出版集团　现代出版社

版权登记号：01-2020-6181
图书在版编目（CIP）数据

拜访野生动物的家/（英）约翰·法恩登著；苏靓，徐强译.—北京：
现代出版社，2021.10
ISBN 978-7-5143-9311-8

I.①拜… II.①约…②苏…③徐… III.①野生动物—儿童读物
IV.①Q95-49

中国版本图书馆CIP数据核字（2021）第131062号

Children's Wildlife Atlas
© 2017 Quarto Publishing plc
Simplified Chinese edition © Modern Press Co., Ltd.
First published in 2002 by Marshall Editions,
an imprint of The Quarto Group.
The Old Brewery, 6 Blundell Street,
London N7 9BH, United Kingdom.
All rights reserved.
本书经由北京久久梦城文化发展有限公司代理引进。

拜访野生动物的家

作　　者　[英]约翰·法恩登（John Farndon）
译　　者　苏　靓　徐　强
责任编辑　李　昂
封面设计　八　牛
出版发行　现代出版社
通信地址　北京市安定门外安华里504号
邮政编码　100011
电　　话　010-64267325　64245264（传真）
网　　址　www.1980xd.com
电子邮箱　xiandai@vip.sina.com
印　　刷　北京华联印刷有限公司
开　　本　889mm×1194mm　1/16
字　　数　192千
印　　张　9.75
版　　次　2021年12月第1版　2021年12月第1次印刷
书　　号　ISBN 978-7-5143-9311-8
定　　价　88.00元

目录

序言 4

热带草原 6

南美洲热带草原 8

草原求生 10

非洲草原 12

食草动物和食叶动物 14

澳大利亚草原 16

有袋类哺乳动物 18

热带雨林 20

大洋洲和亚洲雨林 22

丛林求生 24

南美洲雨林 26

树栖生活 28

非洲雨林 30

树间穿梭 32

沙漠 34

非洲沙漠 36

沙漠求生 38

亚洲沙漠 40

开阔的大地 42

美洲沙漠 44

烈日炎炎 46

温带森林...........48

欧亚温带森林...........50

森林生活...........52

北美洲温带森林...........54

森林的一年...........56

亚洲温带森林...........58

遗落的森林...........60

大洋洲温带森林...........62

安全的地面...........64

温带草原...........66

北美温带草原...........68

草原上的猎物...........70

欧亚温带草原...........72

以草为生...........74

泰加林和苔原...........76

欧亚泰加林和苔原...........78

住在松树上...........80

北美泰加林和苔原...........82

河狸的家...........84

湿地...........86

北美湿地...........88

湿地生存...........90

欧洲的湿地...........92

潮湿的家...........94

非洲的湿地...........96

河马的世界...........98

山脉和极地...........100

山脉...........102

极地冰...........104

动物分类...........106

哺乳动物...........108

爬行动物...........124

两栖动物...........129

鸟类...........132

无脊椎动物...........145

序言

地球上布满生命的足迹，这在宇宙中可能都算得上是独一份。随着人类的开发探索逐渐深入地球的各个神秘角落，我们发现，即使在最不起眼的角落里，以及最极端的环境中，也有生命顽强地生存着。极深的海洋里有外形怪异的鱼类潜伏，高耸入云的巅峰上也有鸟类繁衍生息……

不过，最让人感到神奇的还是生命的多样性——这些动物有的畅游于广袤的海洋，有的翱翔于开阔的长空，有的运用自己的独门绝技驰骋于地表之上。目前，已经有170万以上的物种被发现和命名，大部分动物学家相信，地球上仍然有许许多多的新物种等待我们去继续探索。在已知的物种中，有超过5500种哺乳动物、1万种爬行动物、7300种两栖动物、1.04万种鸟类、3.29万种鱼类、100万种昆虫……此外，还有超过40万种被称为"无脊椎动物"的小生灵，其中仅蜘蛛就有10.3万种。

我们的地球有着千百万年的生物演化历史，一代又一代变化造就了丰富的物种多样性。适者生存，有的物种将绝技传给后代延续了下来，这些活下来的物种都拥有最适合自己的生存绝技，而不能适应的物种则会随着时间的流逝而消亡。

世界在不停地变化着，随着时间的推移，许多生物都发现自己遇到了与恐龙一样的命运——虽然适应了当前的环境，却不能随着环境的改变而改变自己。这样的变化不光在时间的维度上发生着，同时也在地球多样的空间表面铺陈开来。

地表的每一个区域都有着独特的条件，而在演化的长河中，许多独特的物种也逐渐适应了相应的生境。无尽的机遇与变化创造出了如今统领地球不同生境的不同物种，每一个物种都各行其道，占领着属于自己的生态位。

所有的生物都有自己的家园，每一个家园也都有属于自己的物种。温和的北美落叶林为叶蜂、浣熊和黑熊提供了合适的生存环境，开阔的非洲稀树草原也让非洲象、狒狒和狮子拥有了属于自己的家。气候、植被、地形、食物和避难所的丰富程度，以及方方面面的因素造就了不同地区不同的物种构成。

本书提供了一个开阔的视角，让你可以了解到动物们都居住在什么样的地方，以及它们住在那里的原因。从热带灼热的草原到极地荒芜的冻土，我

们将一起行走于世界上的各个生境。书中每一个章节都聚焦于一类独特的生境，并且会从不同大陆的角度切入，讲述那里的动物经营自己家园的故事——有食肉动物、食草哺乳动物，也有空中的鸟与昆虫、地面的爬行动物，等等。每一章节都有专门讲述栖息地性质和物种关系的内容。

不过，令人感到悲伤的是，也许就在你阅读这本书的同时，其中的一些物种可能已经永远离我们而去了。如今，人类正面临着或许是有史以来最大规模的灭绝事件，越来越多的动物物种正在人类活动的影响下逐渐消亡。目前世界上有超过 1.18 万种生物已经被列入面临灭绝危机的物种名单之中，未来可能会有更多已知和未知的物种加入它们的行列。造成这一现状的因素很多，比如气候变化、栖息地丧失、城市扩张、污染、偷猎，等等。我们对这些因素的了解越深入，也就越具备防范悲剧发生的能力。

庆幸的是，我们的地球依旧因生物的多样性而充满丰厚的宝藏。我很希望通过撰写此书而献出自己的力量，为地球保留住这些独特动植物的精彩。

[英] 约翰·法恩登

动物之家

人类用不同方法将世界划分为不同的自然区域——动物学家将世界分为五个大区，气候学家依据气候类型划分世界，植物学家则用植被类型进行区分。气候与植被类型的关系密不可分，这两者都在决定动物生存之地时起着至关重要的作用。在本书中，世界被划分为不同的生境。生境就是指那些由不同气候与植被塑造的，适于某些特定动物生存的环境，热带雨林和荒漠都属于生境的类型。

草原食物网
(→ p.11)

动物类群

动物王国被区分为两个大类，即具有脊椎的动物（脊椎动物）和没有脊椎的动物（无脊椎动物）。脊椎动物的主要类群包括鱼类、鸟类、两栖类、爬行类和哺乳类。在本书中，鸟类和哺乳动物更进一步按照它们的主要活动区域（比如空中的鸟和地栖鸟类）或者它们的主要觅食方式（如猛禽、捕食性哺乳动物、食叶动物、杂食动物和食草哺乳动物等）进行划分。而无脊椎动物一般体形较小，比如昆虫和软体动物。不过也有例外，巨乌贼的体形就能达到17 米。

热带草原

  陆地上超过 1/3 的面积都被草原覆盖，其中很大一部分是由于人类活动而产生的。人类为了饲养牲畜清理掉原有的森林并转化为牧场，但现存的草原中也有一部分保持着天然状态，天然的草原在热带尤其多。

  有热带草原分布的地区一年中只有一半时间有降水，而另一半时间则非常干旱，乔木无法在此生长。在这些广阔的土地上，目力所及的范围内除了稀疏的棕榈和一些带刺的树木，几乎全部被草地覆盖。雨季时，这里的草颜色鲜绿，而到了旱季，土地干旱，草都变成了黄色。

  虽然降水条件非常严苛，但草原依旧属于富饶的生境。在非洲草原上，每 0.8 平方米的土地就可以长出 1.8 公斤以上的植物，比针叶林多出一半，而构成这一重量的却仅仅是那薄薄的一层草而已。热带草原也因此能够为海量的动物提供栖息地，这里是许多神奇动物的家园。

热带草原在哪里？

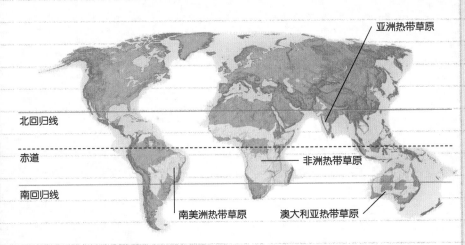

北回归线

赤道

南回归线

亚洲热带草原

非洲热带草原

南美洲热带草原　澳大利亚热带草原

热带草原对比

南美洲

南美洲的草原一般呈斑块状分布，上面生长着聚成小群的树木，其中点缀少量高大的棕榈树。零星分布的干旱区域生长着带刺的灌木和一些矮树。多刺的白坚木有时候会长成茂密的灌丛，看起来好像草海中升起了小岛一般。

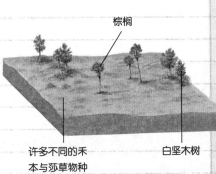

棕榈

许多不同的禾本与莎草物种　白坚木树

非洲

非洲的稀树草原覆盖了非洲中部大部分土地。稀树草原的面积会随旱季长短而变化。撒哈拉沙漠的南边，沿着沙漠边缘分布着荒漠草原——广袤干燥的多刺疏林上，稀疏的草地上点缀着零星的树木。

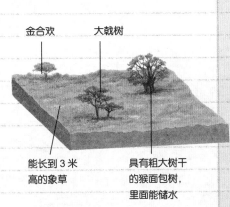

金合欢　大戟树

能长到3米高的象草　具有粗大树干的猴面包树，里面能储水

大洋洲

澳大利亚北部的广袤区域几乎都有热带草原分布。昆士兰地区干燥的米契尔草地十分独特，而湿润的区域则长有高大的黄茅和低矮的黄背草。草原上大部分树木都有蜡质的叶子，可以防止水分流失，让植物能够熬过干旱季节。

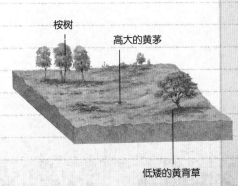

桉树　高大的黄茅

低矮的黄背草

热带草原环境

热带草原非常温暖，温度范围一般在19~27℃之间，旱季时温度甚至会更高。大部分降雨都集中在5~8个月长的雨季里，而旱季的降水量则不到60毫米。

太阳和雨

图表中显示了非洲稀树草原不同月份的降水量和平均温度。

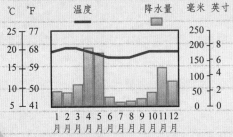

暴风雨

热带草原上的降雨如同潮水一般。巨大的雷雨云在清晨热量中聚积起来，到了下午倾盆而下。独自生长的树常常会被闪电击中，在干燥的草原上引起火灾。

新草

在干燥炎热的旱季里，草原上的草会被晒成干草，很容易被野火点燃。大火过后的草原看起来死气沉沉，但是在地面之下，草根依然活着，只要有降雨就又能够长出新的嫩芽。

7

南美洲热带草原

南美洲的热带草原与非洲草原差异很大。非洲草原是广袤的草场，成群的食草动物可以在那里繁衍生息。但南美洲的草原多样性更高，星罗棋布着沼泽和茂密的灌丛。因此，这里占据主要空间的物种不是食草动物，而是水豚和刺豚这样的大型啮齿类。另外，还有貘和西貒等植食动物，以及许许多多的鸟。

安第斯山脉

太平洋

北

地栖鸟类

树木稀少意味着在草原上活动的大多是地栖性鸟类。这里有中大型的美洲鸵、鹬和珠鸡，也有各种各样觅食植物种子的雀形目小鸟。

大美洲鸵
（→ p.142）

红尾蚺
（→ p.124）

猛禽

南美草原上多样的鸟类和其他物种为猛禽提供了丰富的食物，这些猛禽包括鹰雕、斯氏鵟、巨隼、隼和鸢等。黑美洲鹫和王鹫这样的大鸟则更偏爱腐肉。

王鹫
（→ p.144）

啮齿类动物

草原上的泽地是大型啮齿类动物的乐园，这里有水豚（地球上最大的啮齿类动物）、刺豚鼠、平原䶄，还有许多种类的豚鼠在芦苇里潜藏着。另外还有很多小型的啮齿类动物，比如水栖的鼠类和各种老鼠。

爬行动物和两栖动物

沼泽和河流为爬行动物和两栖动物提供了丰富的栖息环境，有红尾蚺、蝮蛇等蛇，还有凯门鳄、泽龟，以及鬣蜥和美洲蜥蜴等蜥蜴。同时也有很多蛙类，箭毒蛙和海蟾蜍都在此生存。

水豚
（→ p.110）

里亚诺草原

里亚诺草原面积广大，这里有低矮的草场和沼泽地，覆盖了委内瑞拉和哥伦比亚北部大约 57 万平方千米的土地。

格兰萨瓦纳草原

格兰萨瓦纳是一片长着灌丛的高地草原，其边界为陡峭的悬崖。因为这里难以进入，许多珍稀的野生动物都能够在此安居。

九带犰狳
（→ p.108）

植食动物和杂食动物

植食动物有长得像猪的西貒，以及和马有亲缘关系的貘。许多动物还喜欢吃蚂蚁和白蚁，比如大食蚁兽和犰狳。

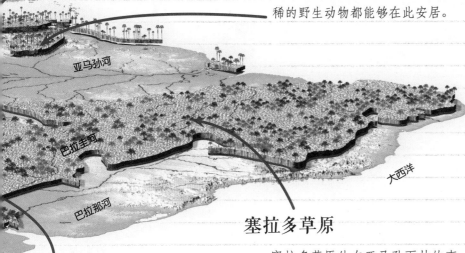

亚马孙河

巴拉圭河

巴拉那河

大西洋

游蚁（行军蚁）
（→ p.145）

塞拉多草原

塞拉多草原处在亚马孙雨林的南面，覆盖了巴西 1/4 的面积。

昆虫

草原是海量昆虫的家园，其中居住着大量的甲虫和蝴蝶。不过在草原上，占主导地位的昆虫还是蚂蚁和白蚁，尤其是著名的火蚁和行军蚁。

大查科草原

大查科是一片广袤干燥的低地草原，覆盖了安第斯山脉、巴拉圭河和巴拉那河之间大约 72.5 万平方千米的土地。

鱼类

纳氏臀点脂鲤

河流和沼泽中满是鱼类。这里有很多脂鲤，比如大口小脂鲤，还有食肉的纳氏臀点脂鲤（俗称的"食人鱼"），以及它们温和的亲戚——肥脂鲤。

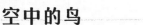

棕尾鹟䴕
（→ p.137）

空中的鸟

南美洲的草原上空飞翔的各种鸟类中，很多都是依季节迁徙的物种，比如各种燕和鹡鸰。也有许多本地物种，包括蛇鹈、拟鹂、啄木鸟、小型鹦鹉、金刚鹦鹉，还有很多的鸠鸽类和霸鹟。此外，这里还有一些食虫的鸟类，比如灶莺和裸鼻雀。

食草哺乳动物

草原为少数大型的食草哺乳动物提供了食物，比如羊驼和鹿，其中包括墨西哥鹿和草原鹿。

美洲狮
（→ p.115）

捕食性哺乳动物

在南美洲的草原上有四种较大的猫科动物——美洲豹、细腰猫、虎猫和美洲狮，另外还有一些小型的猫科动物，比如南美草原猫和乔氏猫。这里还有两种犬科动物——数量稀少的鬃狼和薮犬。

羊驼
（→ p.113）

草原求生

对于居住在南美洲草原的动物来说，生存是一场持久战。漫长的旱季中，所有动物都需要拼尽全力去寻找食物和水源。

由于鲜有可供藏身的树木，这里的生物终年都处在危险之中。植食动物靠吃草叶、草根和灌丛上小小的果子为生。不过植食动物为多种食肉动物提供了能量来源，比如美洲豹、美洲狮和鬃狼。

大家都吃什么？

南美洲草原上的物种与其他生境中的物种一样互相依赖而生。植食动物的食物来源于身边生长的植被，但其他的动物则需要吃掉别的动物才能成长。美洲豹喜欢吃美洲鸵和鹿，而狼吃犰狳，犰狳则吃白蚁。所有的草原动物相互连接形成食物链，而多个食物链又共同组成了密不可分、精密平衡的食物网。人类行为或是其他外力对于任何一个环节的改变，都可能扰动整个食物网的平衡。

卡拉卡拉鹰通常在早上觅食，主要吃腐肉，也会从高空中俯冲下来捕捉灶莺和蓬头䴕。

蝇类是草原生态中重要的一员，它们一边在植物上进食，一边传播花粉，一边还通过食用其他动物的粪便和尸体的方式负担起清道夫的职责。

长草对于刺豚鼠来说太高了，所以它们住在矮草里，捡拾掉落的果子吃。这些小家伙有着极其敏锐的听觉，只靠辨识果子落地的声音就能精准定位。

大犰狳体形粗壮，身体覆甲，还有着极其强壮的前肢。这对前肢是挖掘白蚁巢的利器，挖出来的白蚁自然变成了大犰狳的盘中餐。

白蚁吃腐烂的木头和树根，它们是将植物分解进入土壤的分解者。

蚯蚓肩负着加工肥沃土壤的重要任务，土壤从身体一端进入，穿过消化道，然后从另一端排出。

南美蚓螈是一种眼盲的掘洞两栖动物，与蛙有亲缘关系。它们居住在土壤里，主要吃蚯蚓。

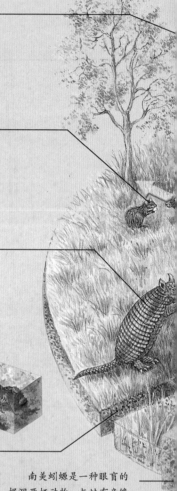

适应性：大长腿

由于草原上无处可藏，许多生物都只能依靠速度来躲避捕食者，所以草原上有不少动物是世界级高速跑者。非洲的托氏羚奔跑速度高达每小时 80 千米，而美洲鸵的近亲非洲鸵鸟则为每小时 65 千米。为了实现这样的高速，墨西哥鹿和美洲鸵这样的食草动物都演化出了细长的腿。美洲狮等捕食者的奔跑速度也和它们相当。

褐墨西哥鹿

褐墨西哥鹿的后腿肌肉强健，并且受到躯干的保护。

踝关节转动范围非常大，可以获得最强的动力。

与其他哺乳动物不同，鹿有两趾，奔跑时仅靠脚尖着地就可以获得最快的速度。

腿部的骨骼很长。

蓬头䴗从歇息的树枝上起飞捕食飞行中的大型昆虫，不过它们有时候也会落到地上吃蚂蚁。

鬃狼主要吃犰狳和刺豚鼠，但也会吃豚鼠、兔子和毛丝鼠，或者吃一些昆虫和鸟，以及水果和甘蔗。

灶莺的类群很大，都是大地色的食虫鸟，在南美的稀树草原和灌丛中很常见，它们喜欢在这样的生境里寻觅昆虫和种子。

褐墨西哥鹿是一种小型的鹿，它们只栖息在能隐蔽自己的高草里。褐墨西哥鹿主要吃草茎顶端的部分以及美洲云实和鼠李的果实。

大美洲鸵也住在高草里，吃草茎顶端部分，经常和鹿群一起觅食。它们也吃果实和昆虫。

美洲豹主要吃大型草原动物——墨西哥鹿、美洲鸵和水豚。有时候它们也吃西貒，但是西貒往往能把它们打跑。

水豚吃水边的矮草，因此不用和鹿以及农民的牛竞争。

美洲鸵

美洲鸵的脚趾非常长，以便它们高速前进。

踝部的一些骨骼很长，并且相互融合成了腿的一部分，而不仅仅是独立的足。

美洲豹

美洲豹身体十分粗壮，与其他捕食者一样，它们可以在草丛中迅速而优雅地移动。美洲豹能短时间快速奔跑，能爬树，甚至还是游泳健将。美洲豹的捕食策略是缓慢地接近猎物，或者安静地潜伏等待扑杀，抓到猎物后，再用强壮的颌咬碎猎物的头骨。

非洲草原

非洲大陆的稀树草原广袤辽阔，算得上所有野生动物生境中最引人入胜的奇观，那里是许多体形庞大的哺乳动物的家园。广阔的草原上居住着大群的大型食草动物，如羚羊和斑马，也有象和犀牛这样的食叶动物。还有大型的捕食者——其中最为著名的就是狮子和猎豹等大猫。

刚果丛林

维多利亚湖

坦噶尼喀湖

赞比西河

林波波河

马拉维（尼亚萨）

北

植食动物

稀树草原上的树为大象、长颈鹿、黑犀和白犀、疣猪这样的食叶动物提供了食物，旋角大羚羊、扭角林羚、长颈羚、小岩羚和柯氏羚之类的羚羊也属于这一类。如今，随着稀树草原大量被开垦为农田，树木的数量也越来越少，这些动物的食物来源也随之变少。

非洲草原象
（→ p.112）

布什维尔德

南部干燥的稀树草原边缘地区被称为"布什维尔德灌丛"。这里栖息着大群的南非大羚羊、扭角林羚、跳羚和麋羚，以及小群的犬羚。

灵长类动物

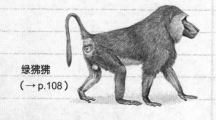

绿狒狒
（→ p.108）

狒狒和黑长尾猴住在树上躲避捕食者，黑长尾猴还会在树上觅食。许多灵长类动物一生中大部分时间都在树上度过，能够灵巧地在树枝间穿梭。

食草哺乳动物

稀树草原为大群的食草动物提供了食物，其中包括斑马、非洲水牛以及多种类型的羚羊：貂羚、弯角羚、角马、麋羚、托氏羚和格氏羚。

黑斑羚
（→ p.114）

猛禽

蛇鹫
（→ p.142）

猛禽在这里如鱼得水，这里有短尾雕、红脸歌鹰、棕鹭和黑白兀鹫等兀鹫。这些猛禽主要吃狮子和非洲野犬捕食剩下的动物尸体。

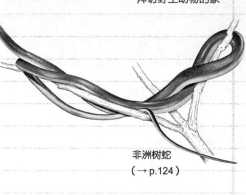

非洲树蛇
(→ p.124)

萨赫勒草原

萨赫勒草原是非洲北部干燥的灌丛地（或称"苏丹"稀树草原）与撒哈拉沙漠相交融的地区。这里住着珍稀的剑羚、苍羚和红额羚。

尼罗河

爬行动物和两栖动物

因为稀树草原非常干燥，所以这里栖息的两栖动物很少，但是却有很多爬行动物，其中就有多种避役，比如横斑避役。此外，还有西部星点守宫、蜥蜴、豹纹陆龟和各种蛇。

红冠蕉鹃
(→ p.144)

昆虫

稀树草原的地面上有着大量的白蚁巢，里面的工蚁会倾巢而出寻觅草叶用来繁育后代。麻蝇和葬甲收拾兀鹫剩下的动物尸体。偶尔会出现巨大的蝗灾，可能使当地的庄稼绝收。

塞伦盖蒂草原

东非是稀树草原的腹地。坦桑尼亚的塞伦盖蒂草原是数量超过 50 万的非洲水牛、角马、斑马和羚羊的家，这里也居住着象、长颈鹿、犀牛、非洲狮和猎豹，以及超过 450 种鸟类。

空中的鸟

稀树草原的鸟类物种非常多样，有蕉鹃、伯劳、鹣、椋鸟、戴胜、佛法僧、蜂虎和许多种织雀，还有成群的奎利亚雀。

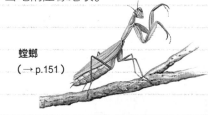

螳螂
(→ p.151)

蹄兔
(→ p.113)

地栖鸟类

由于地表的植被不是那么丰富，稀树草原上的地栖鸟类相较于其他生境要少得多。不能飞的鸵鸟依靠它们的长腿躲避危险。其他地栖鸟类有黄弯嘴犀鸟、地犀鸟、灰颈鹭鸨、珠鸡，等等。

捕食性哺乳动物

大群的有蹄类食草动物为多种猫科动物提供了食物，这些大猫包括非洲狮、猎豹和豹。这里也有犬科动物，如胡狼、狼、狐狸、非洲野犬等。猎豹依靠速度捕捉羚羊，而鬣狗和狮子则靠团队协作。

小型哺乳动物

人们经常慕名而来欣赏稀树草原上的大型哺乳动物，但草地里其实还隐藏着大量的小型哺乳动物。这里有象鼩、纹鼠和跳兔。非洲艾虎是一种夜行性的哺乳动物，长得像臭鼬，白天待在地洞里休息。它们与臭鼬一样能够喷洒警示性的气味浓烈的分泌物。

非洲鸵鸟
(→ p.139)

非洲狮
(→ p.115)

食草动物和食叶动物

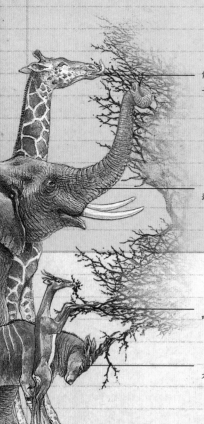

东非塞伦盖蒂草原上旱季雨季的交替创造出了世界上最为引人入胜的动物迁徙现象。

每年5月，雨就不再下了，大地越来越干，大量的角马踏上征程，寻找草地和水源。一路上会有斑马和羚羊与它们会合，身后紧跟着饥饿的狮子和非洲野犬。当降雨再次来临，新鲜的野草又破土而生，食草动物群会回归，完成长达一年的迁徙循环，而在这段时间里，它们会跨越2400千米的广袤土地。

1）雨季植被丰沛，大量的斑马、角马和托氏羚混杂在东南部的高原上。2月时，幼兽集中出生。

2）雨季的末尾，兽群开始集结，准备迁徙。雄性则开始求偶争斗。

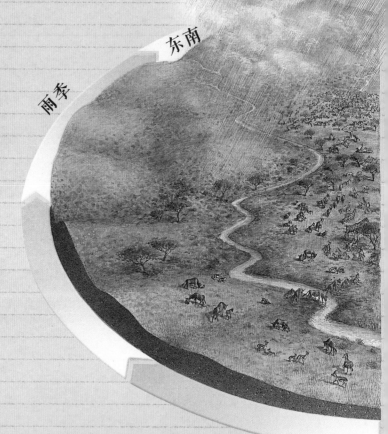

7）10月接近末尾，天空越来越暗，下雨了，兽群也因此开始了它们返回东南方大草原的征程。

6）干旱肆虐，黑白兀鹫跟踪着兽群，以渴死、饿死的动物尸体为食。

长颈鹿有灵活的舌头，能从5米高的枝条上卷下叶子和树枝吃。

大象能用鼻子吃到和长颈鹿几乎等高的枝条。

长颈羚能靠后腿站立去吃高枝上的叶子。

旋角大羚羊能用自己的大角扭断与肩同高的枝条。

食叶层级

食草动物会分级充分利用野草的各个高度，食叶动物也有着类似的适应方式，不同的物种分别取食不同高度的植物枝条。犀牛和犬羚吃那些较低的枝条，象和长颈鹿等大型动物则能够到更高的枝条。

3）迁徙开始时，斑马的数量达到了20万，托氏羚的数量有50万，而角马则高达150万。

大迁徙

塞伦盖蒂草原上角马的大迁徙自几十万年前就已基本成型，其间随着环境变化有着微小的调整。兽群每年并不会完全沿着一样的路线行进，迁徙的状况还会适应当地植被的丰富程度。在有些迁徙年中，干旱可能促使兽群更早启程；野火燎原可能阻碍一些动物的行进路线，但焚烧产生的肥料促生新芽，来年又会吸引另一批动物。动物的发情期似乎也与月相相关。

托氏羚跟在吃茎叶的角马身后，捡拾高蛋白的种子和新长出来的嫩草。

角马跟着斑马，吃斑马在低处啃食剩下的茎叶。

斑马负责领头，吃阿拉伯黄背草顶上粗糙的叶片，它们边吃边在高草中推进，为后面的小型动物开辟出道路。

旱季

西北

4）旱季随着时间延续，兽群进一步向西北移动，进入树木更多的区域。经过鳄鱼盘踞的河流时，很多食草动物都被吃掉了。

5）旱季的尾声快到了，河流已经见底，水池子也越来越小，兽群由斑马领头，抵达了西北部的林地。

猎豹的追捕

猎豹是世界上最迅猛的短跑选手。稀树草原植被稀疏，猎豹必须依靠爆发性的快速追击才能抓到羚羊等猎物，它们的奔跑速度可以在5秒内达到每小时100千米。每一次奔跑循环中，猎豹的腿都会离地两次——首先前脚和后脚会从地面弹起（如右图所示），然后四肢完全伸展。在每一次伸展过程中，它们能在空中跨越7米远。

澳大利亚草原

澳大利亚广袤空旷的内陆高原灌木丛生，这里栖息着许多澳大利亚独有的物种，比如大袋鼠、林袋鼠、袋狸和袋鼹。澳大利亚内陆大部分地区都非常干旱，住在这里的动物必须适应缺水的环境。而在稍微丰沛一些的区域，野生动物则要跟绵羊和其他牲畜竞争资源。

西部高原

西部高原覆盖了澳大利亚西部大部分的区域，十分广袤。这里的海拔在 300～460 米，大部分都覆盖着相思树和桉树灌丛。

卡奔塔利亚湾

大沙沙漠

吉布森沙漠

维多利亚大沙漠

大澳大利亚湾

食草哺乳动物

澳大利亚本地并没有任何有蹄类动物，但是这里却有双腿健壮、善于跳跃的袋鼠家族。袋鼠家族共有 76 个物种，被分为两大类——大型的袋鼠科（袋鼠、大袋鼠和林袋鼠）以及小型的鼠袋鼠科（长鼻袋鼠和草原袋鼠）。

红大袋鼠
（→ p.114）

昆虫和蜘蛛

澳大利亚草原上栖息着大量的蚂蚁和白蚁，其中包括了磁白蚁，它们的巢会按照南北方向排列。这里还有很多的蝉、甲虫、蝇以及蜘蛛。

蝉
（→ p.147）

栗鸢
（→ p.138）

猛禽

许多大型猛禽的活动范围能够抵达澳大利亚，因此这里的部分猛禽在世界上别的地方也能见到，比如栗鸢。但这里也有一些特有物种，比如澳大利亚隼和灰鹰。

地栖的鸟类

由于澳大利亚大型捕食者很少，地栖鸟类得以繁荣发展。这里不仅有鸸鹋，还有地鹦鹉、园丁鸟和冢雉，比如斑眼冢雉和灌丛冢雉，冢雉是一类会在土丘上产卵的大型鸟。

鸸鹋
（→ p.135）

爬行动物和两栖动物

澳大利亚草原上潜伏着很多种有毒的眼镜蛇，其中包括斯氏蛇和太攀蛇。澳大利亚还有大约 500 种蜥蜴，比如各种睑虎和石龙子，北部还栖息着咸水湾鳄的小型近亲。

斗篷蜥
（→ p.126）

圆尾麦氏鲈

鱼类

澳大利亚内陆非常干燥，但是内陆的河流和河道断流后留下的池塘里却充满了鱼类，其中有巨大的虫纹麦鳕鲈、圆尾麦氏鲈、虹银汉鱼、塘鳢，等等。麦鳕鲈和圆尾麦氏鲈主要吃温热泥泞池塘里的滑螯虾。

弗林德斯山脉

达令河

墨累河

北

小型哺乳动物

草原是许多小型哺乳动物的家，小型有袋动物是澳大利亚独有的物种，比如毛吻袋熊。其中，很多物种在炎热的夏天会进行夏眠。

塔斯马尼亚袋熊
（→ p.123）

捕食性哺乳动物

3000 多年前，澳大利亚野犬来到了澳大利亚，在这之前，澳大利亚仅有的大型哺乳动物是袋狼——一种长得很像狼的有袋动物。澳大利亚野犬的到来压缩了袋狼的生存空间，最终袋狼灭绝了。如今澳大利亚野犬成了澳大利亚仅存的大型捕食性哺乳动物。

虎皮鹦鹉
（→ p.133）

空中的鸟

澳大利亚草原上鸟类物种丰富，其中就包括了大量的鹦鹉，最著名的莫过于粉红凤头鹦鹉，它们的叫声非常聒噪。这里还有很多喜爱花蜜的吸蜜鸟，以及一种蜂虎。

澳大利亚野犬
（→ p.111）

产卵的哺乳动物

澳大利亚大陆长期与外界隔绝，使两类独特的原始卵生哺乳动物（单孔目）保留了下来，它们是鸭嘴兽和针鼹。

原针鼹
（→ p.112）

有袋类哺乳动物

1亿年前，澳大利亚大陆开始与世界上的其他大陆分离，独特的动物家族也随之演化。这里有两类在世界上其他地方都没有分布的动物，一类是有袋动物，它们会在自己的育儿袋里养育后代，一类是单孔目动物，它们会产卵。神奇的是，这些物种经过演化，填补了世界上其他相似物种的生态位。

有袋动物生态位

大约在1亿年前，有袋动物演化诞生，它们曾经分布在世界各地。胎盘动物则在晚一些时候出现，它们的幼体刚出生时发育得比有袋动物更成熟，因此也挤压了澳大利亚以外分布的有袋动物的生存空间，进而导致了它们的灭绝。如今，有袋动物仅存在于澳大利亚。近些年来，人们发现了1.15亿年前的胎盘动物化石，通过对两类动物的DNA进行分析，人们发现这两个类群曾经并肩生活了千百万年。不论如何，我们可以确定的一点是，澳大利亚的有袋动物经过演化，填补了世界上别的类似动物的生态位，这被称为"趋同演化"。

小小的袋貂算得上已知仅存的有袋类捕食性动物，不过曾经还有过袋狮和袋狼。

短鼻袋狸和袋食蚁兽是食虫动物，它们长长的吻部和强壮的爪子能挖土。

袋鼹是一种目盲的挖掘性动物，它们有着强壮的前爪，能够在地下挖洞。

食肉动物

花豹

在胎盘动物的世界里，大型猫科动物和野犬是主要的捕食者。现存的有袋动物中并没有与它们相对应的竞争者。

适应性：跳跃

胎盘食草动物用四条腿奔跑，以躲避捕食者，而许多有袋类食草动物则用两条强壮的后腿（以及尾巴）跳跃。大红袋鼠的后腿差不多比前腿粗10倍。溜达时，袋鼠用四条腿一起行走，但需要快速移动时，它们却会站起来用后腿跳。起跳需要耗费很多能量，但加速需要的能量却很少，相较之下，胎盘动物加速需要更多的能量。

岩袋鼠

袋鼠的内趾又大又强壮。

由于没有竞争对手，塔斯马尼亚袋熊填补了旱獭和獾的生态位。奇怪的是，并没有大型的杂食性有袋动物存在。

树袋熊、袋貂和斑袋貂是树栖有袋动物，它们吃植物。

红大袋鼠和羚羊、鹿以及水牛一样是食草动物，但却和它们千差万别。由于极少有天敌，它们主要依靠两条健壮的腿弹跳前进，而不需要奔跑。

植食动物和杂食动物

象

世界上的其他地方不仅有獾这样的小型杂食动物，也有大象这样巨大的杂食动物。

树栖动物

绿猴

狨和绿猴等猴类、松鼠与树栖的有袋动物对应。

食草动物

非洲水牛

在其他地方，水牛这样的大型食草动物演化出了长长的腿和蹄子，它们靠数量抵御捕食者。

食虫动物

大穿山甲

穿山甲和食蚁兽这样的胎盘动物也有长长的吻部和强壮的挖掘型爪子。

挖掘者

巨金鼹

有胎盘的鼹与有袋的袋鼹长得非常相似。

眼斑冢雉

眼斑冢雉是一种大型的地栖鸟类，它们会建造腐殖质堆，用里面的热量给卵保温。秋天时，雄性会在地面挖洞，并在里面垫满植物。春天下雨后，植物腐烂并产生热量。雌性在腐烂的植物堆里产卵，雄性测试巢穴里的温度，并在巢穴温度过低时添加沙子保温，或者刨开草堆散热。通过这样的调节，巢穴稳定在33℃，因此，眼斑冢雉也被称为"温度计鸟"。

除了袋鼠之外，一些啮齿类动物也会跳跃，包括北方跳鼠和美国的更格卢鼠，它们也有较长的内趾。

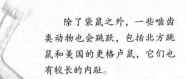

北方跳鼠

热带雨林

　　热带雨量丰沛、森林中的树木茁壮成长、全年的温暖气候和高湿度使得热带雨林成了地球上最郁郁葱葱、最具多样性的动物生境。

　　热带雨林仅覆盖了陆地上近 6% 的面积，却拥有地球一半的生物多样性，有的科学家认为这个占比甚至可能高达九成。这里的两栖动物、鸟类、昆虫、哺乳动物和爬行动物比世界上其他地方的总和还要多。

　　然而，热带雨林却又极其脆弱，其中一个原因是，这里的动植物们形成了非常专性的相互依赖。雨林中几乎所有的树木都需要依靠动物来传播种子，而在世界上的其他地方，植物主要靠风传播种子。随着越来越多的雨林被人类活动所影响，数以千计物种的生存正遭受着威胁。

热带雨林在哪里？

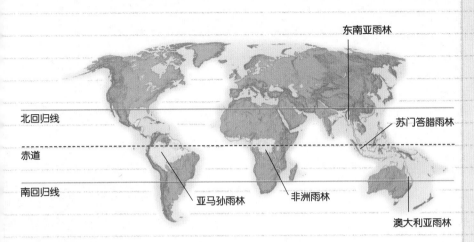

东南亚雨林

苏门答腊雨林

北回归线

赤道

南回归线

亚马孙雨林　　非洲雨林

澳大利亚雨林

热带雨林对比

南美洲

亚马孙雨林拥有各种大大小小的树木，其中大的树木包括橡胶树、巴西坚果树、美洲木棉、大猴胡桃、豆木，等等。这些树木上覆盖着藤本植物和附生植物（生长于其他植物之上的植物），比如兰花和积水凤梨。

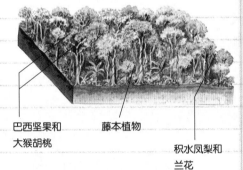

巴西坚果和　　藤本植物
大猴胡桃

积水凤梨和
兰花

非洲

非洲雨林与亚马孙相比略显贫瘠，这里生长着大型的硬木，比如桃花心木、大美目豆、沙比利树和一些小型树木。在这些树木下方生长着植物和大量的菌类。

桃花心木和　　酒椰　　菌类
大美目豆

大洋洲和亚洲

东南亚雨林里长满了巨大的龙脑香树（香料树）以及柚木，在它们下面长着小型树木，比如荔枝和杧果等果树。树上长满苔藓和攀缘植物。充满热带风情的花朵开在地面上，比如大王花和泰坦魔芋。

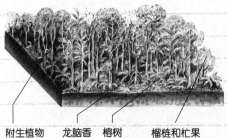

附生植物　　龙脑香　榕树　　榴梿和杧果

热带雨林环境

热带雨林一般都非常闷热潮湿，温度徘徊在20~34℃之间。热带雨林的月降水量能够达到100毫米。

太阳和雨

下面的图表展示了亚马孙沃佩斯河每个月的降水和平均温度。最热的月份仅仅比最冷的月份温度高2~5℃。

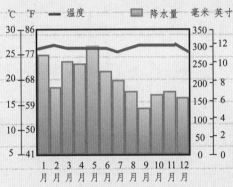

树顶的池塘

茂密的树冠接住了大部分的雨水，这些树木如此潮湿，有的蛙类会直接在植物聚积的雨水中居住。

雷雨云

大部分雨水都来源于雷阵雨，而每年都会有至少200次的雷阵雨。热气和水汽会在每天早晨积聚出雷雨云，下午这些水分便会释放出来。

大洋洲和亚洲雨林

相较于广袤的亚马孙雨林，东南亚、印度及西亚和大洋洲的热带雨林所占据的空间则小得多，居住在其中的大型哺乳动物，如象、犀牛和虎都承受着人类活动的严重威胁。虽然如此，这些热带雨林依旧饱含着丰富的生物多样性，这里居住着一些世界上最为鲜艳多彩的鸟类和蝴蝶。

恒河森林

恒河森林虽然被严重采伐，但是这里还住着很多虎、犀牛、象和野牛。

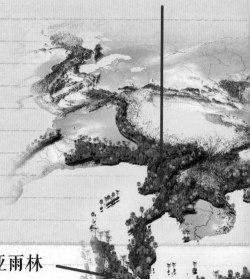

鸟类

亚洲雨林的树冠中栖息着艳丽的犀鸟、鹦鹉、太阳鸟、叶鹎、和平鸟，以及燕鹀和树燕。地面上活动的有吕宋鸡鸠、雉类、八色鸫、凤冠鸠和啄花鸟。

萨克森极乐鸟
（→ p.137）

马来西亚雨林

这里是至少 200 种哺乳动物的家，包括虎、犀牛、象、云豹和马来熊。

婆罗洲雨林

婆罗洲雨林的物种多样性非常高，至少有 600 种鸟类，如白腰鹊鸲，还有十几种灵长类，如红猩猩。

戴帽长臂猿
（→ p.113）

灵长类动物

大洋洲本身并没有灵长类动物分布，但是东南亚的灵长类动物却不少。其中最著名的是各种猿，比如长臂猿和红猩猩。这里的猴子也很多，包括叶猴、猕猴和长鼻猴。

小型哺乳动物

雨林中的小型哺乳动物包括针鼹、袋狸、负鼠等，还有许许多多的啮齿类动物、帚尾豪猪和树鼩。

树鼩
（→ p.120）

狐蝠
（→ p.108）

飞兽

大洋洲的雨林里不仅有大量的蝙蝠，还有许多独特的滑翔生物，如鼯鼠、蛇、蛙和守宫。其中飞行技巧最为娴熟的莫过于鼯猴，它们能滑翔很远的距离。

鼷鹿
（→ p.110）

科莫多巨蜥
（→ p.126）

爬行动物和两栖动物

澳大利亚的雨林是许多蛇的家，比如有毒的太攀蛇和无毒的网纹蟒。数百种蜥蜴也居住在这里，包括各种树蜥和巨蜥。

食叶动物

最大的食叶动物是亚洲象，但在野外非常罕见，同样罕见的还有分布在爪哇岛和苏门答腊岛等岛屿上的各种犀牛。

亚历山大
鸟翼凤蝶
（→ p.147）

华莱士线

华莱士线是东南亚的一条地理分界，在这条线的西边，分布有鹿、猴、猪、猫科动物、象和犀牛，而在东边的新几内亚岛和澳大利亚则是负鼠、袋貂、树袋鼠和袋狸等有袋动物。

北

昆虫

这里有白蚁等无数小型昆虫，但也有昆虫巨人，包括巨型的杆蟒、叶蟒、南洋大兜虫、美丽的印度长尾天蚕蛾和翅膀巨大的鸟翼凤蝶。

新几内亚

这里的许多哺乳动物在地球上独树一帜。

昆士兰雨林

许多有袋动物都住在这里，如树袋鼠和负鼠。此外，还有鸸鹋等鸟类。

豹
（→ p.115）

捕食性哺乳动物

东南亚的雨林、苏门答腊岛和爪哇岛上依旧有虎和豹生存，但是数量非常稀少。云豹也非常珍稀，目前仅有2万只个体存活。椰子狸等小型食肉动物相对常见。

食草哺乳动物

许多小型的鹿类生活在这里，比如鼷鹿、毛冠鹿、水鹿和麂。大型食草哺乳动物则是一些牛类，如水牛、倭水牛和爪哇野牛。

马来貘
（→ p.121）

丛林求生

热带雨林中栖息着海量的物种。仅在 100 平方千米的范围内就能够找到 400 多种鸟类、150 多种两栖和爬行类、125 种哺乳动物以及成千上万种的昆虫。如此高的动物多样性造就了高度的相互依赖性。雨林是一种最为原始和稳定的生境，经过了千百万年，不同的动植物物种之间形成了复杂的食物网络关系。

雨林食物链

食物链顶端是大型的捕食者，比如大型猫科动物花豹和犬科动物豺，它们盘踞在丛林的地表。低枝上栖息着云豹等小型猫科动物以及绿树蟒等蛇类，树冠上栖息着其他蛇类，比如金花蛇，还有捕食性的鸟类，如食蝠鸢、蛇雕和各种歌鹰。这些多样的捕食者之下都各有一条物种互相为食的食物链。

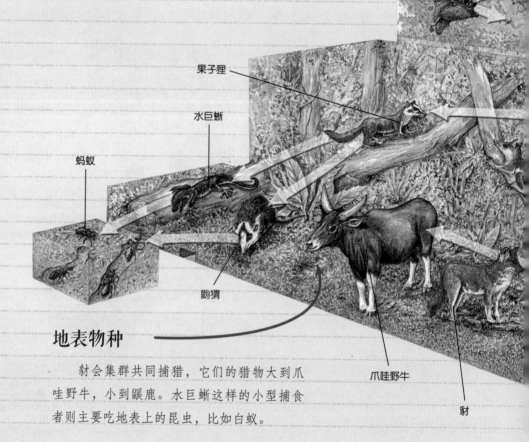

蚊蝇和甲虫

鞘尾蝠

果子狸

水巨蜥

蚂蚁

豺猁

爪哇野牛

豺

地表物种

豺会集群共同捕猎，它们的猎物大到爪哇野牛，小到鼷鹿。水巨蜥这样的小型捕食者则主要吃地表上的昆虫，比如白蚁。

适应性：滑翔

居住在东南亚雨林中的许多树冠物种都演化出了在空中运动的能力，并运用这些能力往返于树冠之间或躲避天敌。它们并不是真正能飞，只是在身体上长出了翅膀一样的延展结构，能够在树木之间滑翔或降落至地面。这些动物包括黑掌树蛙（滑翔距离 15 米）、黑飞鼠和托氏飞鼠等飞鼠，以及褶虎（一种壁虎）。

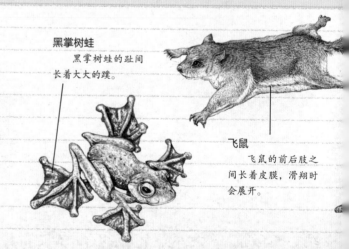

黑掌树蛙

黑掌树蛙的趾间长着大大的蹼。

飞鼠

飞鼠的前后肢之间长着皮膜，滑翔时会展开。

蝠鸢　　褐背鹟鵙　　蛇雕

绿树蟒

树鼩

鼷鹿

猛禽

猛禽在树林的顶端捕猎。食蝠鸢会捕捉鹟鵙、燕子和雨燕等鸟类，但同时也会在黄昏时刻滑翔捕捉刚刚出洞的蝙蝠。蛇雕吃树栖的蛇类，它们会站在树冠上静静搜索猎物，然后俯冲下去突然袭击。

蝙蝠和鹟鵙

鞘尾蝠和褐背鹟鵙等蝙蝠与鸟类能在半空中捕捉蚊蝇，它们的猎场是高高的树冠。蝙蝠主要在夜间觅食，而鸟类则是在白天。它们都是食蝠鸢的猎物。

鼩、蛇和猫

绿树蟒喜欢把自己盘绕在树枝上守株待兔，它们的猎物包含树鼩、鼷鹿和灵猫等。树蟒会用身体勒住猎物使它们窒息而死。树鼩主要吃昆虫和水果。

尾巴在空中起到控制方向的作用。

褶虎

褶虎的身体两侧有肉褶，趾间有蹼。

苏门答腊虎

苏门答腊虎是所有虎亚种中最小的一种，它们主要吃水鹿和别的一些鹿，以及野猪，但有时也会猎捕犀牛的幼崽。苏门答腊虎和其他虎一样，主要靠伏击来捕猎，所以喜欢住在茂密的森林中，在那里有足够的遮挡物。目前世界上仅剩下大约400只苏门答腊虎，它们居住在苏门答腊的国家公园里。世界各地的动物园里有200多只苏门答腊虎。

南美洲雨林

亚马孙雨林是目前世界上最大的雨林，其中所蕴含的物种多样性可能超过全世界其他陆生生境的总和。仅目前已知的物种就数以万计，其中不仅有小小的蚂蚁和蜂鸟，也有巨大的甲虫，以及世界上最大的蛇，而未知的物种则更加丰富。

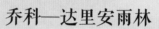

乔科—达里安雨林

这一潮湿的区域被安第斯山脉从亚马孙雨林中分割出来，它拥有着独特的物种多样性。居住在其中的生物包括中美貘、斑狨和巨嘴拟䴕。

太平洋

安第斯山脉

绒毛蛛猴
（→ p.116）

亚克提恩象兜
（→ p.146）

灵长类动物

亚马孙雨林中有许多猴子，其中包括各种蛛猴、卷尾猴、僧面猴、伶猴、吼猴和秃猴，以及40多种狨。中南美洲的猴子都有着宽阔扁平的鼻子。

昆虫

人们估算有100多万种昆虫栖息在亚马孙雨林里，比如蚂蚁、萤火虫、蝉和许多色彩斑斓的蝴蝶。

三趾树懒
（→ p.120）

大凤冠雉
（→ p.134）

两栖动物

雨林中并没有太多大面积的静水，但是这里却居住着许许多多的两栖动物。有的蛙依靠小小的水洼为生，而很多树蛙则住在植物积存的雨水池中。海蟾蜍和负子蟾住在潮湿的落叶里，蝾螈和没有腿的蚓螈也住在这里。

地栖鸟类

亚马孙雨林的地表有着非常茂密的植被，为各种地栖鸟类提供了遮挡。这些鸟包括日鹛、鹑鸠、林鹑、夜鹰以及至少8种不同的鹬，还有鸱鹏、琵鹭和鹮等水鸟。

植食动物和小型哺乳动物

这里有小型的鹿、长得像猪的西貒和貘，除此之外还有大量的小型哺乳动物——刺豚鼠、水豚、兔豚鼠和豪猪等啮齿类动物，几种食蚁兽，树懒，蜜熊，还有吸血蝠和许多其他的蝙蝠。

金毒蛙
（→ p.129）

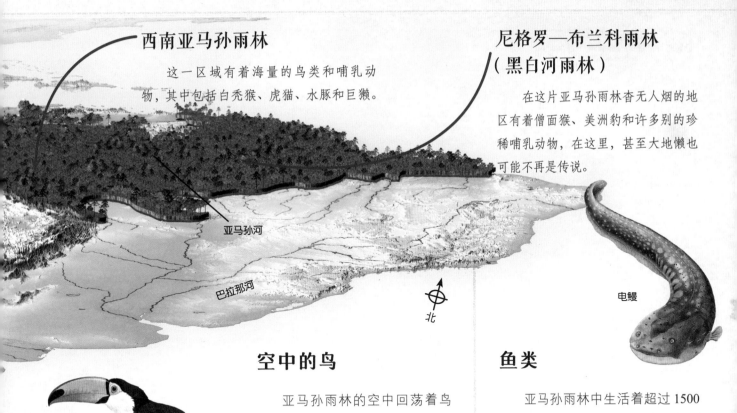

西南亚马孙雨林

这一区域有着海量的鸟类和哺乳动物，其中包括白秃猴、虎猫、水豚和巨獭。

尼格罗—布兰科雨林（黑白河雨林）

在这片亚马孙雨林杳无人烟的地区有着僧面猴、美洲豹和许多别的珍稀哺乳动物，在这里，甚至大地懒也可能不再是传说。

亚马孙河

巴拉那河

北

电鳗

鹦鹆（巨嘴鸟）
（→p.143）

空中的鸟

亚马孙雨林的空中回荡着鸟鸣，这里有色彩鲜艳的小型鹦鹉和金刚鹦鹉，各种鹦哥，酋长鹂和优雅的咬鹃、蜂鸟、巨嘴鸟以及无数的小型鸟，比如啄木鸟和蚁鸟。

鱼类

亚马孙雨林中生活着超过1500种鱼类，除此之外，还有很多未被发现或命名：脂鲤、电鳗、线翎电鳗以及骨舌鱼（世界上体形最大的淡水鱼类群之一）。

捕食性哺乳动物

美洲豹、虎猫和美洲狮等大型猫科动物都可以算得上陆地上的大型捕食者。美洲狮的分布区域靠近安第斯山脉。小型的捕食者有长鼻浣熊、巢鼬和鼬。

亚马孙河豚
（→p.111）

河流中的哺乳动物

亚马孙河中有着独特的哺乳动物，比如亚马孙河豚和海牛，海牛看起来很像海豹，但其实没有亲缘关系。水里也有啮齿类动物，比如海狸鼠和世界上最大的啮齿类动物——水豚，水豚能够长到66公斤重。

爬行动物

亚马孙雨林的爬行动物多样性在世界上数一数二，这里有凯门鳄、各种龟鳖，如巨侧颈龟、枯叶蛇颈龟等，同时也有很多种蛇，如翡翠树蚺、蔓蛇、水蚺等。

虎猫
（→p.117）

水蚺
（→p.124）

树栖生活

亚马孙雨林中，树冠顶端到下方的地面高差很大，经常达到 50 米。树冠上的枝叶极其茂密，以致仅有很少的阳光可以照到地面上。树冠上层有着太阳、降水和清新的空气，而下方的雨林地表，空气黏滞潮湿，光线也很昏暗。由于地表和树冠的环境差距如此之大，整个树林往往分成了清晰的层次。每一个层次形成不同的生境，生境中栖息着独特的动植物，这些物种充分适应了其所在的特殊环境。

适应性：明艳色彩

很多色彩最为鲜明的鸟类都居住在雨林里。亚马孙雨林中生活着艳丽的伞鸟和金刚鹦鹉，宝石一般的蜂鸟和许多其他美丽的鸟类。鲜艳的羽毛便于鸟儿在茂密的丛林中互相辨认。雄性鸟类的色彩一般格外鲜艳，专门用来吸引雌性，而雌性的色彩则往往逊色很多。

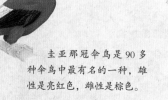

世界上有 360 余种蜂鸟，这只色彩鲜艳的蜂鸟是其中之一。由于这些小鸟的颜色像宝石一样美丽，早在 19 世纪，人们会用它们制成珠宝。

金刚鹦鹉不论体形还是体色都是鹦鹉中的翘楚。

主亚那冠伞鸟是 90 多种伞鸟中最有名的一种，雄性是亮红色，雌性是棕色。

雨林的层次结构

一般来说，雨林可以被分为四层：地表层、长着小树和灌木以及树干的林下叶层、冠层以及"冒头"的高耸露生层。不过，这一结构有时也会被自然的生长所打乱。举例来说，当一棵树慢慢变老并倒下，它也会连带把一些依附的植物以及被藤蔓连接起来的植物一起拽倒，这就会形成一片空地。新的树会在这里生长，慢慢地又会形成原来的结构。

雨林地表

西貒等大型哺乳动物以及冠雉等鸟类以地面的植被为食，它们的觅食区域很大。小型哺乳动物主要吃昆虫，也吃植物。蚯蚓、蜈蚣、蚂蚁、白蚁、蜚蠊和许多别的小型生物居住在地表的落叶和腐殖质中。

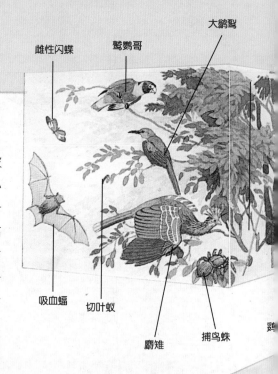

雌性闪蝶　鹫鹦哥　大鹤鴷

吸血蝠　切叶蚁

麝雉　捕鸟蛛

普度鹿　红鹌鸠

白唇西貒

日鸦

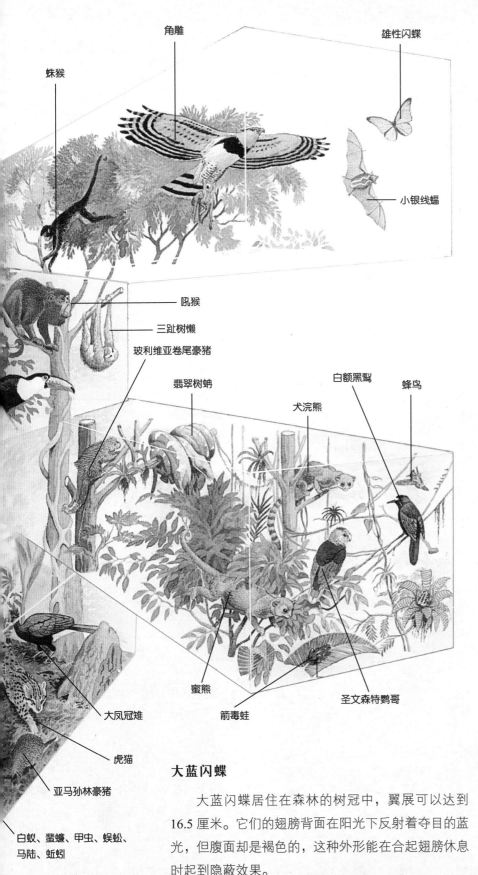

蛛猴

角雕

雄性闪蝶

小银线蝠

吼猴

三趾树懒

玻利维亚卷尾豪猪

翡翠树蚺

犬浣熊

白额黑鸂

蜂鸟

蜜熊

箭毒蛙

圣文森特鹦哥

大凤冠雉

虎猫

亚马孙林豪猪

白蚁、蜚蠊、甲虫、蜈蚣、马陆、蚯蚓

露生层：35~70 米

最高的树木可能长到 70 米高。这里有着许多灵活的飞兽，大部分是吃昆虫的鸟类和蝙蝠，它们能在半空中捕捉猎物。鸟类和蝙蝠会被角雕等大一些的猛禽捕捉。蛛猴有时会爬到树上摘果子吃。

冠层：20~50 米

冠层指的是树顶上绿意盎然的部分。这里可以享受到阳光的沐浴以及雨水的浇灌，栖息着各种生命，动物们享受着多种多样的水果和坚果。大部分的冠层动物一生都在这里度过，它们非常适应树栖生活。这里有鸟儿和蝴蝶这样会飞的动物，也有松鼠等滑翔动物，还有猴子、树懒、甲虫、蚂蚁和蜘蛛等攀爬动物。

林下叶层：4.5~20 米

这一层多是小树、灌木以及缠绕的滕蔓，许多动物会在上面攀爬。这里获得的阳光很少，许多叶子都是深绿色或者红色的。很多蛇居住于此，蛙类也是常住客，它们在树木上寻找植物接住的雨水形成的小水池，然后把卵产在这里。

大蓝闪蝶

大蓝闪蝶居住在森林的树冠中，翼展可以达到16.5 厘米。它们的翅膀背面在阳光下反射着夺目的蓝光，但腹面却是褐色的，这种外形能在合起翅膀休息时起到隐蔽效果。

非洲雨林

虽然非洲雨林的物种多样性没有南美洲和亚洲高，但依然算得上物种丰富的土地。刚果雨林参天的硬木林里居住着大量的动物，这里有各种猴、猿，还有能手脚并用在林间灵活穿梭的小型灵长类动物。

小型灵长类动物：原猴亚目

除了我们熟知的猴和猿外，还有很多有着大眼睛和长尾巴的小型灵长类动物。它们与其他大型灵长类动物一样，能用双手和双脚攀爬。树熊猴和婴猴居住在非洲大陆的雨林里，但是狐猴、指猴和大狐猴则住在马达加斯加岛上。

指猴
（→ p.108）

东几内亚

虽然东几内亚雨林的面积和以前比小了很多，但仍然是很多猴子的家，这里有白领白眉猴和戴安娜长尾猴，另外还有少见的倭河马。

北

赞比西河

霍加狓
（→ p.117）

小岛羚
（→ p.108）

食草哺乳动物

非洲草原上的食草哺乳动物主要依靠速度和耐力来躲避捕食者，而雨林中的食草动物则是靠隐蔽能力。这里的羚羊要么像小岛羚和麂羚一样体形很小，擅长冲到树丛里躲藏，要么像肯尼亚林羚一样有着隐蔽色的花纹。

猴和猿

猴和猿是非洲森林里的王者，它们能灵敏地在林子里寻找水果、树叶和昆虫。世界上的四种大型猿类中，除了红猩猩外，其他三种都居住在这里——大猩猩、黑猩猩和倭黑猩猩。这里的猴子还包括白腹长尾猴、疣猴和白眉猴。

疣猴
（→ p.116）

食叶动物和杂食动物

非洲雨林里最大的动物是霍加狓和大象，它们吃远离地面的树叶。此外，还有小型的倭河马、杂食的非洲野猪和大林猪。大林猪是世界上最大的猪。

中非赞加—桑加雨林

世界上仅存的雨林净土之一，这里有罕见的森林象、倭黑猩猩和低地大猩猩。

爬行动物和两栖动物

非洲雨林是世界上最大的蛙——巨谐蛙的家，这种蛙的腿伸直后全长可达 80 厘米。非洲树蛙、避役、尼罗河巨蜥等蜥蜴，以及各种蟒蛇和树眼镜蛇在这里也有分布。

白唇曼巴
（→ p.126）

尼罗河

捕食性哺乳动物

树冠上主要的捕食者是猛禽，枝条上的捕食者是蟒，而捕食性哺乳动物则仅活动于靠近地面的区域。花豹是顶层的捕食者，它们捕食幼年的羚羊，也吃猴子和猿。

双斑椰子狸
（→ p.111）

马达加斯加雨林

自 1.5 亿年前与非洲大陆分开以来，这座岛屿逐渐形成了独特的动物群，其中包括狐猴和指猴等。

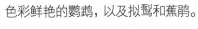

红冠蕉鹃
（→ p.144）

空中的鸟

非洲雨林中生活着各种犀鸟（它们长得很像亚马孙的巨嘴鸟）、色彩鲜艳的鹦鹉，以及拟鹑和蕉鹃。

盔鼩鼱
（→ p.120）

小型哺乳动物

雨林中的小型哺乳动物有蹄兔、非洲帚尾豪猪和树穿山甲等。树穿山甲长得像食蚁兽，但是身上覆盖着鳞甲。它们一生大部分时间都在树上度过。

昆虫

非洲雨林和其他雨林一样蕴含着大量的昆虫物种，有各种各样的甲虫（比如大角花金龟）、蚂蚁、白蚁、蚊蝇以及蜚蠊（蟑螂）。巨疣蠊（马岛发声蟑螂）会将空气挤出身体，发出预警的声音。

地栖鸟类

非洲雨林里体形最大的鸟一般在地面觅食种子、嫩芽和莓果。其中最大的是刚果孔雀，但裸喉鹧鸪的个子也不小。还有很多不那么显眼的鸟在地面上筑巢，如旗翅夜鹰。

夹竹桃天蛾
（→ p.152）

刚果孔雀
（→ p.140）

树间穿梭

南美洲

卷尾猴
攀爬和跳跃

红脸蛛猴
跳跃和新大陆猴荡行

　　树木之间的移动方式与地面上有很大不同。许多生活在雨林中的动物都发展出了独特的技能，动物学家称其为"树栖运动方式"，这些运动方式包括跳跃、攀爬、荡行和滑翔。树蛙的趾端有特殊的垫子，便于攀爬抓握。啄木鸟、旋木雀和其他一些鸟类长着利于垂直抓握的脚爪。松鼠和一些小型哺乳动物也能利用爪子攀爬，但是其中最为出色的爬树高手还数各种猴子和猿，还有能够灵活行动的小型灵长类动物。

大猩猩

　　大猩猩是体形最大的猿，站起来能有 2 米高，体重能达到 230 公斤。虽然外表看起来非常凶悍，但实际上却是一种羞怯温柔的动物，主要吃植物。雄性大猩猩通过拍击胸部发出声音威吓外来者。大猩猩的手臂很长，按理说善于在林间荡行，但是它们的主要活动范围却在地面上，用四肢的关节行走。到了晚上，大猩猩会爬上树，找一个安全的地方躲避花豹，花豹是除了人类之外它们唯一的天敌。

适应性：抓握的手

　　几乎所有的灵长类动物都很适应树栖生活，它们也几乎都有能够抓握树枝的手指和脚趾，只有人类除外（人类的脚趾不能抓握）。美洲猴的拇指很短，但非洲和亚洲的猿和猴都有对生拇指，它们的拇指可以内向抓握，能够精准地握住东西。有的猿类可以运用这种精准的抓握能力制造工具，比如剥树皮，并用剥干净的小树棍钓蚂蚁或者鱼吃。

非洲

婴猴
跳跃

白眉猴
攀爬和跳跃

疣猴
跳跃和旧大陆猴半荡行

黑猩猩
旧大陆猴荡行和奔跑

山魈
地面四足步行

亚洲

眼镜猴
跳跃

懒猴
缓慢攀爬

叶猴
半荡行及跳跃

长臂猿
荡行

猕猴
地面四足步行

南美洲

所有的猴都会用四肢爬行，这被称为"四足前进"。卷尾猴和狨等其他许多美洲猴子的行动方式是攀爬、跳跃和沿着树枝灵活地奔跑。有的美洲（新大陆）猴，比如蛛猴和吼猴，会有额外的辅助工具，也就是一条能够抓握的尾巴。这条尾巴就像多了一条手臂，为猴子用手臂在树枝间荡行时提供支撑，这被称为"新大陆猴半荡行"。

非洲

非洲猴和美洲猴一样用四足共同行动。大部分非洲猴比美洲猴更灵活一些。疣猴擅长跳跃，同时也会用双臂荡行（旧大陆猴半荡行）。原猴类（小型猴）会垂直地挂在树干上，也喜欢跳跃。而黑猩猩等猿类则有着长长的胳膊，能非常顺畅地在树木间荡行，但是并不能爬得特别高。大猩猩很少攀爬，主要是靠四足行走。

亚洲

亚洲的猴和美洲、非洲的猴一样靠四肢共同运动。猕猴等很少上树，主要在地上跑，而叶猴则是爬树高手，尾巴是它们的平衡器，它们能在树间实现远达10米的飞跃。亚洲的长臂猿和红猩猩也会荡行。长臂猿是最擅长荡行的灵长类，它们有着长长的胳膊，动作异常灵巧。

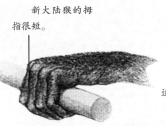

新大陆猴的拇指很短。

蛛猴

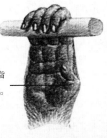

短的对生拇指适合在树枝间荡行。

猿：长臂猿

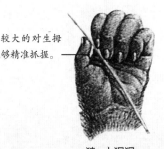

较大的对生拇指能够精准抓握。

猿：大猩猩

短的对生拇指，方便用掌部行走。

猴：猕猴

沙漠

　　地球大陆 1/5 以上的地表都被沙漠覆盖。这里的降水量非常少，除欧洲以外的大洲都有沙漠分布。沙漠广袤荒凉，每一片大沙漠都有自己独特的名字——戈壁沙漠、撒哈拉沙漠、卡拉哈里沙漠、莫哈维沙漠。

　　极地也是一种"漠"，因为那里的温度太低，没法获得降雨。真正的大沙漠都分布在亚热带，那里的天气终年晴朗稳定。无云的天空使得太阳洒下无情的热浪，而到了晚上温度会骤然下降。由于沙漠上没有足够的植被阻挡气流，风得以肆意吹拂，并剥夺地表的水分。

　　卫星图像拍摄下的沙漠像是繁茂的绿色大陆上黄褐色的疤痕，似乎没有生命能在此繁衍，甚至凑近去看也十分荒芜。但是这种荒芜是一种假象，其实，沙漠中有着令人称奇的物种多样性，它们依靠着各种各样的生存技巧，将生命的顽强发挥到了极致。

沙漠在哪里？

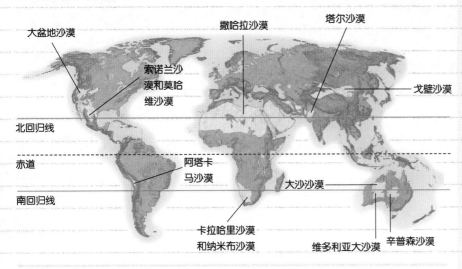

大盆地沙漠
撒哈拉沙漠
塔尔沙漠
索诺兰沙漠和莫哈维沙漠
戈壁沙漠
北回归线
赤道
阿塔卡马沙漠
南回归线
大沙沙漠
卡拉哈里沙漠和纳米布沙漠
维多利亚大沙漠
辛普森沙漠

沙漠对比

北美洲

北美洲的沙漠有着广袤的平原和陡峭的悬崖。大盆地沙漠生长着山艾。南边的莫哈维沙漠则零星分布着短叶丝兰（约书亚树）和三齿团香木。再往南还生长着巨大的仙人掌类植物，索诺兰沙漠中就有着柱子一般的巨柱仙人掌。

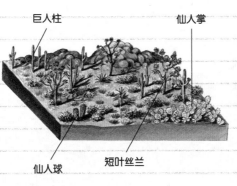

巨人柱
仙人掌
仙人球
短叶丝兰

非洲

撒哈拉沙漠的地形包括多石的岩漠和海量的沙丘。这里非常贫瘠，因此大片的土地都没有什么植被，大部分植物都只生长在绿洲附近，绿洲里还生长着椰枣树。纳米布沙漠有着世界上最大的沙丘，高达400米。

椰枣
夹竹桃
金合欢灌木

亚洲

亚洲的戈壁沙漠夏天很热，但到了冬天，由于没有屏障阻挡北边西伯利亚的寒流，植被仅在春雨降临后才会生长。短暂的初夏之后，天气就变得过热过干而不利于它们生长了。这里的主要植物是梭梭树，还有一些低矮的植物，比如猪毛菜和针茅。

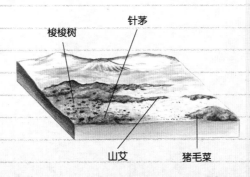

梭梭树
针茅
山艾
猪毛菜

沙漠环境

世界上最干燥的沙漠每年仅有不到100毫米的降水量。降水量低于600毫米的区域被称为"半沙漠"。在炎热的沙漠中，降水一般以暴雨的形式到来，但很快就流失或蒸发掉了。

灼人的骄阳

所有的沙漠都很干燥，有的还非常炎热，夏天日间的温度可以飙升到50℃，而晚上却比较凉快。这个图显示了阿尔及利亚境内撒哈拉沙漠的天气情况。

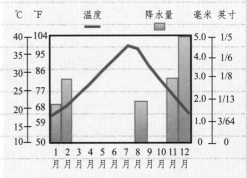

绿洲

虽然地表降水很少，但是地底下却有地下水，这是以前积存下来的降水。当这些地下水露出地表时，就形成了绿洲。

沙漠之花

许多沙漠植物会持续数月甚至数年保持了无生机的样子，然后在降雨之后短暂地绽放出花朵。花朵抽芽、绽放和枯萎的过程常常仅持续短短的几小时。

非洲沙漠

非洲有三个大沙漠：南边的纳米布沙漠和卡拉哈里沙漠，以及覆盖了非洲北部大部分地区的撒哈拉沙漠。撒哈拉沙漠不仅是世界上最大的沙漠，也是最炎热的沙漠。沙漠中有很大的区域完全没有水域，但许多生物依然在这里生存，这里有表皮坚韧的蜥蜴和蛇，有啮齿类动物、羊和羚，以及无数的昆虫。

植食动物和杂食动物

沙漠中体形最大的动物之一是骆驼，它们一周不喝水也能活，在没有食物的情况下能活得更久。沙漠边缘还生活着绿狒狒和阿拉伯狒狒，它们也成功地在这里找到了足够的食物。

单峰驼
(→ p.110)

卡拉哈里沙漠

虽然卡拉哈里沙漠是沙漠，但是这里的植被却并不少，许多大型动物都以此为家，包括南非剑羚、斑马和猎豹。

赞比西河

食草哺乳动物

令人意想不到的是，撒哈拉沙漠居然生活着很多的食草哺乳动物。狭纹斑马住在沙漠边缘，而很多种羊、羱羊和驴也住在山地区域。旋角羚、黇鹿、鹿羚和鹅喉羚居住在沙漠的核心地带。

肥尾沙鼠
(→ p.112)

猛禽

鸟类能够长距离飞行以寻找食物和水，它们的体温也比哺乳动物更高。许多鸟类都能在撒哈拉沙漠中生存，其中的猛禽包括皱脸秃鹫、地中海隼和非洲侏隼等。

小型哺乳动物

中型的哺乳动物很难适应沙漠的炎热，但是小型哺乳动物却可以挖洞或者躲到阴影里。撒哈拉沙漠有40余种啮齿类动物，包括沙鼠、跳鼠、大耳猬、蹄兔，等等。

跳羚
(→ p.121)

淡色歌鹰
(→ p.136)

撒哈拉沙漠

撒哈拉沙漠是世界上最大最热的沙漠，这里是岩漠、砂石地和沙丘的混合体。

北

阿拉伯沙漠

这里的不少大型动物都在驱车捕猎的活动中被杀死，但还是有一些阿拉伯羚幸存了下来，另外还有很多啮齿类动物和蜥蜴。

地中海

尼罗河

红海

鬣狗
（→ p.114）

捕食性哺乳动物

虽然沙漠中的植物不多，但是却有不少动物可以吃。撒哈拉沙漠中有许多中等体形的捕食者，包括很多犬科动物，比如鬣狗、胡狼和聊狐。还有猫科动物，比如狞猫和沙猫。

昆虫

昆虫和蛛形纲动物体表有一层坚韧的几丁质外骨骼，可以减少水分的流失。蚊蝇、蜂、蝗虫、甲虫（比如金龟）、蚂蚁、白蚁与蛛形纲动物住在一起，这些蛛形纲动物有狼蛛、跳蛛、蝎子，等等。

走鸻
（→ p.133）

拟步甲
（→ p.146）

阿拉伯沙蜥
（→ p.124）

地栖鸟类

由于沙漠中树木很少，地栖鸟类相较于树栖的鸟类在这里更如鱼得水一些。鸵鸟和珠鸡生活在沙漠边缘，而翎颌鸨和棕顶鸨则住得更深入沙漠一些。鸨和其他许多沙漠生物一样，主要从猎物身体中获得水分。

空中的鸟

随着秋天的到来，柳莺、燕子等鸟类离开寒冷的欧洲跨过撒哈拉沙漠向南越冬。鹋等鸟类甚至会在这里越冬，而石雀和织雀等鸟类则全年居住在撒哈拉沙漠。

爬行动物和两栖动物

爬行动物非常适应于沙漠生活，它们有着干燥带鳞的皮肤防止水分流失。撒哈拉沙漠中有超过100种爬行动物，包括荒漠巨蜥、睑虎、石龙子，还有蛇和龟。

黑腹沙鸡
（→ p.142）

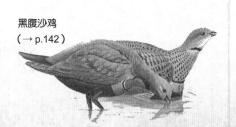

沙漠求生

在非洲沙漠中的生活如同走钢丝，居住在这里的生物不仅需要应对酷热和干燥，更需要面对食物短缺的挑战。食草动物和其他植食动物经常需要长途跋涉才能找到植物，但由于到处都找不到什么植物，它们经常要忍饥挨饿。捕食者也很难找到猎物，大型的捕食者经常好几周都颗粒无收。

非洲沙漠食物网

沙漠中物种较少，意味着这里的食物网和其他地方比起来也更为简单。在其他生境中，许多不同的动物可能都有类似的取食覆盖范围，或处在食物网中类似的位置，而在沙漠中，由于食物如此缺乏，每一种不同的食物可能仅对应一种食客。大型猫科动物和犬科动物在严苛的环境中可能并没有太多选择。

狞猫
奔跑健将狞猫是沙漠里体形最大的猫，它们在黄昏时分捕猎，主要吃爬行动物、沙鸡和大耳羚等哺乳动物。

黑颈眼镜蛇
黑颈眼镜蛇居住在猎物较多的绿洲附近，它们在夜间猎捕啮齿类动物、蜥蜴和小型鸟类，并用毒牙给出致命一击。

蜜壶蚁
蜜壶蚁会用触角按摩蚜虫和胭脂虫的身体，促进它们排出蜜露并收集起来。

蚁狮
蚁狮体形较大，它们的幼虫会在地面挖出漏斗形的小坑，设陷阱捕捉蚂蚁。蚁狮自己躲在坑底部的沙子里，只露出上颚，并向掉进来的蚂蚁抛撒沙子。

适应性：沙地行走

松软炙热的沙地可不是下脚的好地方，好在许多生活在沙漠中的哺乳动物都演化出了特殊的脚掌。沙猫等生活在沙漠中的猫科动物脚底板上有着长毛的足垫，可以隔绝热量。阿拉伯大羚羊的蹄子非常大，防止它们陷到沙子里。骆驼的脚不光大，还有足垫。

羚羊
旋角羚巨大的蹄子可以分散身体的重量。

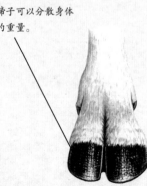

双峰驼
双峰驼脚上蓬乱的毛既可以防雪也可以防沙。

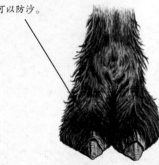

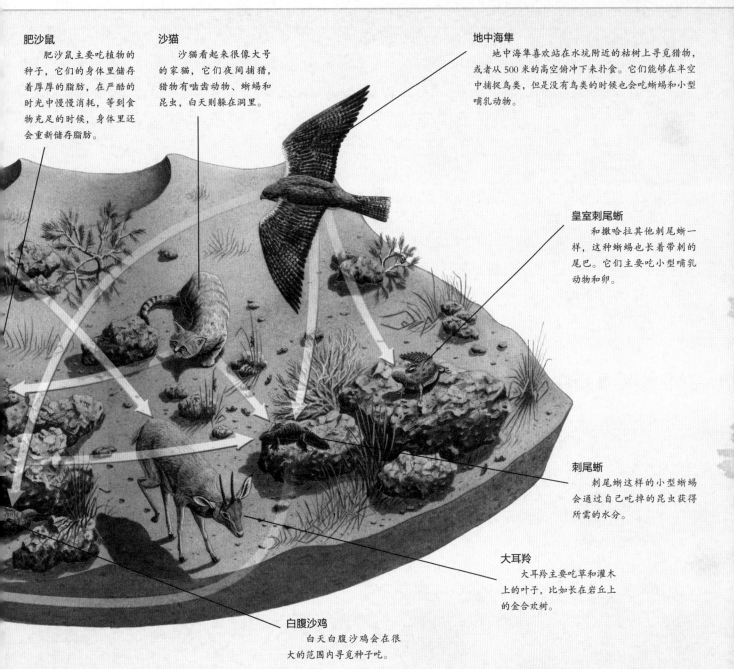

肥沙鼠
　　肥沙鼠主要吃植物的种子，它们的身体里储存着厚厚的脂肪，在严酷的时光中慢慢消耗，等到食物充足的时候，身体里还会重新储存脂肪。

沙猫
　　沙猫看起来很像大号的家猫，它们夜间捕猎，猎物有啮齿动物、蜥蜴和昆虫，白天则躲在洞里。

地中海隼
　　地中海隼喜欢站在水坑附近的枯树上寻觅猎物，或者从 500 米的高空俯冲下来扑食。它们能够在半空中捕捉鸟类，但是没有鸟类的时候也会吃蜥蜴和小型哺乳动物。

皇室刺尾蜥
　　和撒哈拉其他刺尾蜥一样，这种蜥蜴也长着带刺的尾巴。它们主要吃小型哺乳动物和卵。

刺尾蜥
　　刺尾蜥这样的小型蜥蜴会通过自己吃掉的昆虫获得所需的水分。

大耳羚
　　大耳羚主要吃草和灌木上的叶子，比如长在岩丘上的金合欢树。

白腹沙鸡
　　白天白腹沙鸡会在很大的范围内寻觅种子吃。

单峰驼
　　单峰驼脚掌下面有一层厚厚的脂肪，能够增加沙地行走的稳定性。

沙漠里的蜥蜴

　　蜥蜴的体表有着厚厚的皮肤，能最大限度地减少水分流失，同时它们还有一些应对沙漠生活的生存策略。由于蜥蜴没法自主升高体温，它们会通过晒日光浴的方式来取暖，等到身体够热以后就去捕猎或者求偶。随着温度升高，它们也必须在阴凉的地方避暑，比如躲在石头底下或者钻到沙子里。

亚洲沙漠

亚洲的戈壁沙漠是世界上少见的遗落之地，这里广袤、炎热，跨越蒙古国南部和中国北部。与终年炎热的撒哈拉沙漠不同，戈壁沙漠的温度跨度很大，一年内可以从夏天的45℃高温直落到冬天的零下40℃严寒。严酷的环境反而成了高耐性动物的避难所，其中包括很多最为珍稀的动物，比如双峰驼。

南部沙漠

没有哪个沙漠像这里一样同时有着灼人的夏日和冰冷的冬天。这里住着不少跳鼠和爬行动物，比如巨大的葛氏巨蜥，还有难得一见的亚洲猎豹。

高加索山脉

捕食性哺乳动物

戈壁沙漠曾经生活着两种大型捕食者，它们是戈壁棕熊和雪豹。以前，雪豹会从青藏高原的雪山上下来，但如今在戈壁沙漠已经很难见到雪豹的身影。现在戈壁沙漠的主要捕食者是虎鼬，一般在夜间捕食小型哺乳动物和蜥蜴。

戈壁棕熊
（→ p.109）

塔尔沙漠

塔尔沙漠是聊狐和狞猫的家，这里也有大型的食草动物，比如贝氏羚和印度羚。还有很多啮齿类动物，以及三百多种鸟，如稀少的黑冠鹨鹑。

草原鹞
（→ p.136）

猛禽

夏天会有很多鸟类来到戈壁沙漠，其中包括雄伟的金雕和白肩雕。这里全年都有食腐的猛禽，如胡兀鹫和翼展3米长的秃鹫。

空中的鸟

每到夏天，许许多多的鸟都会造访亚洲的沙漠以及周边的干草原，这其中有鹨、漠地林莺、漠百灵和石鸻。还有许多别的鸟全年都待在这里（这样的鸟被称为"留鸟"），比如贺兰山岩鹨和黑顶麻雀。

漠百灵
（→ p.138）

双峰驼
（→ p.110）

食叶动物

戈壁沙漠里没有绿洲，双峰驼是唯一能在这样极端的环境里靠着稀疏植被生存的食叶动物。骆驼总是在不停地走动，四处寻找叶子、草和细小的树枝吃。

塔克拉玛干沙漠

位于高海拔的塔克拉玛干沙漠是亚洲最大的沙漠。

乌拉尔山脉

阿尔泰山脉

戈壁沙漠

戈壁沙漠覆盖了130万平方千米的土地，里面充斥着干涸的河谷，这里是许许多多蜥蜴和啮齿类动物的家园，还有稀少的野生双峰驼。

北

新疆岩蜥
（→ p.126）

小型哺乳动物

小型动物通过地下生活的方式躲避戈壁沙漠的严苛环境，夏天避暑，冬天取暖。这里有很多种跳鼠，还有仓鼠和刺猬。

短趾猬
（→ p.113）

爬行动物

许多爬行动物都通过挖洞的方式适应了戈壁沙漠的生活。这里有各种龟，还有多种睑虎和蜥蜴，比如葛氏巨蜥和荒漠麻蜥，这些小动物是地中海蝰和东方沙蟒的猎物。

食草哺乳动物

戈壁沙漠在春天会短暂染上绿意，食草哺乳动物便会从周围的干草原来到这里。这些动物里有亚洲野驴和普氏野马，还有羱羊以及高鼻羚羊等羊类。

野驴
（→ p.114）

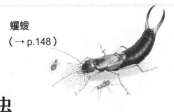

蠼螋
（→ p.148）

昆虫

虽然戈壁沙漠极端的环境对于昆虫和其他无脊椎动物来说都过于严苛，但是这里还是有不少昆虫，比如蚂蚁、甲虫、蜜蜂和蠼螋。还有一些其他节肢动物也住在这里，如蝎子、避日蛛、鼠妇和蜈蚣。

地栖鸟类

冬去春来，植物在亚洲中部的沙漠里生长起来，结出的种子为许多地栖鸟类提供了食物，这些鸟包括翎颌鸨、黑尾地鸦、里海地鸦和各种沙鸡。

毛腿沙鸡
（→ p.142）

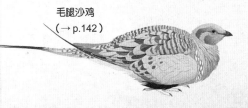

41

开阔的大地

亚州中部的沙漠和干燥的草原是世界上少有的野马栖息地。野马、野驴和非洲的斑马是 5000 万年前最初的马类祖先仅存的后代。那时候世界要更加湿润一些，这些马的祖先还是小型的森林动物，但随着世界变得越来越干燥，森林面积逐渐缩减，马的体形也越变越大，这样才能继续在干燥的草原甚至沙漠中存活下去。

始祖马（*Eobippus*）
5400 万—3800 万年前
　　也被称为"黎明马"，是一种吃阔叶和水果的林栖动物。它的体形和小狗差不多大，身高 20 厘米，只会快走而不会奔跑。

渐新马（*Mesobippus*）
4000 万~3200 万年前
　　渐新马是在大面积的森林向灌木林转变时出现的，它的体形更大，有 60 厘米高，已经可以小跑了。

安琪马（*Anctitherium*）
2500 万~500 万年前
　　这一分支从中新马中分离出来，并在中国存活到了 500 万年前。它们主要吃潮湿森林里的阔叶。

马的演化

　　马的演化史可以追溯到 5000 万年前的始祖马，始祖马的化石曾在北美洲和欧洲被发现。自那时以来，马的体形越长越大，腿和吻部也越来越长，脚演化成了蹄子，而不再是脚趾，并且从食叶动物演变成了食草动物。不过这一进程并不是逐渐发生的，这张图展示了演化过程中的一些主要变化和分支。

中新马（*Miobippus*）
3600 万~2400 万年前
　　从中新马开始，马的演化树开始产生分支，它的体形比渐新马略大一些。

副马（*Parabippus*）
2400 万~1700 万年前
　　副马体形更大了，身高达到了 1 米，跑得很快。它们的牙齿更适合咀嚼草，并开始远离森林生活。

普氏野马

　　现在野外大部分的"野马"都只是逃逸的人工饲养马匹，而普氏野马则是唯一真正现存的野马。19 世纪 80 年代，俄罗斯探险家尼古拉·普热瓦利斯基首次发现了这一物种。普氏野马的数量如今已经非常稀少，最后一次被人们在野外发现是在 1969 年。万幸的是，如今世界各地的动物园里饲养着大约 1000 匹普氏野马，并且在 20 世纪 90 年代被重新引入了蒙古国的野外。

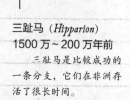

三趾马（*Hipparion*）
1500 万~200 万年前
　　三趾马是比较成功的一条分支，它们在非洲存活了很长时间。

毛足鼠

毛足鼠住在中亚，它们会在沙丘上打洞，晚上才出来觅食。

大跳鼠

大跳鼠是居住在戈壁沙漠的跳鼠之一，它们能够跳到3米高。

中国仓鼠

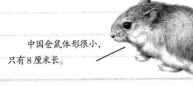

中国仓鼠体形很小，只有8厘米长。

适应性：挖洞的啮齿类动物

只有很少的哺乳动物能够适应炎热的沙漠生活，但是沙漠确实是许许多多啮齿类动物的家园。啮齿类动物白天躲在洞里避热，洞穴可以留住动物呼吸出来的水汽，并且将气温稳定在25~35℃。有的啮齿类动物有着长长的后腿，善于跳跃，晚上出来的时候脚极少停留在炎热的地面上。

草原古马 (Merychippus)
1700万~1100万年前

草原古马是最早出现的食草马，它们有着长长的脖子，能够低头够到地上的草，蹄子状的脚可以在草地上奔跑。

南美土著马 (Hippidion)
500万~8000年前

南美土著马是上新马的一条分支，身高达到了1.4米，大约在500万年前当上新马从北部扩散到南美后诞生。

马 (Equus)
400万年前至今

最早的现代马大约在400万年前出现，后分成了六个物种：马、非洲野驴、亚洲野驴和三种斑马。

斑马

共有三种斑马——平原斑马 (E.quagga)、山斑马 (E.zebra) 和细纹斑马 (E.grevyi)。

上新马 (Pliohippns)
1200万~500万年前

早期的有蹄马，被认为是现代马的祖先。

普氏野马 (Equus ferus)

唯一现存真正的野马。有的学者认为他们是现代马的祖先，也有的认为它们和现代马有一个已经灭绝的共同祖先。

亚洲野驴 (Equus hemionus)

亚洲野驴完美适应了沙漠生活，这也使得马的家族彻底远离了森林的起源地。

非洲野驴 (Equus asinus)

非洲野驴和亚洲野驴长得很像，但可能发源于北非。

美洲沙漠

北美洲西南角有一片广袤的平原和山地，里面布满裸露的岩石和峡谷，其中还有四片沙漠——大盆地沙漠、莫哈维沙漠、索诺兰沙漠和奇华胡安沙漠，每一片沙漠都有其独特的生物类群。大盆地沙漠生长着山艾，丛林狼是这里的居民。奇华胡安沙漠有牧豆树和捕鸟蛛。

这片区域里还有着世界上最热的地方——死亡谷，1913 年，这里的温度曾经达到过 56.7℃。

短尾猫
（→ p.109）

走鹃
（→ p.142）

地栖鸟类

由于沙漠里树木很少，很多鸟类都会在地面筑巢及觅食，其中包括珠颈斑鹑、走鹃、星额蜂鸟、哀鸽和北美小夜鹰。沙漠中较为湿润的区域有雉鸡和火鸡造访。

爬行动物和两栖动物

这些沙漠里不仅有蜥蜴，还有响尾蛇、鞭蛇、王蛇、珊瑚蛇和牛蛇，另外还有很少见的阿氏沙龟。两栖动物仅在雨后才从洞里出来，其中包括掘足蟾和蜥尾螈。

西部棱斑响尾蛇
（→ p.126）

捕食性哺乳动物

啮齿类动物、爬行动物和鸟类是很多猫科和犬科动物的猎物。猫科动物包括短尾猫和美洲狮，犬科动物则有丛林狼和灰狐。由于人类的狩猎行为，墨西哥灰狼在 20 世纪 50 年代野外灭绝了，如今人们正在努力重新将它们引入这片土地。

小型哺乳动物

这里和其他炎热的沙漠一样有很多小型哺乳动物。更格卢鼠和地松鼠在洞里保持凉爽，并从食物中获得水分。兔子则待在阴影里，通过大耳朵散发热量。

荒漠更格卢鼠
（→ p.114）

猛禽

沙漠里大部分的小型动物都在洞里待着，它们出洞的时候很容易成为猛禽的猎物。这里的猛禽有草原隼、美洲隼、鹰、红头美洲鹫、金雕，还有猫头鹰，比如美洲雕鸮和穴小鸮。

叩壁蜥
（→ p.124）

蜥蜴

这里多种多样的蜥蜴包括行动敏捷的斑尾蜥、美丽的尤马蜥、沙漠强棱蜥、横纹鞘爪虎、鬣蜥和鞭尾蜥。墨西哥毒蜥和美国毒蜥是美国最大的有毒蜥蜴。

红尾鵟
（→ p.136）

昆虫和蜘蛛

这里的沙漠中有大量的昆虫，比如火蚁、各种甲虫、蜻蜓、西部虎凤蝶等蝴蝶，还有十七年蝉，以及很多大型的捕鸟蛛。

寇蛛
（黑寡妇蜘蛛）
（→ p.153）

大盆地沙漠

大盆地沙漠是一片生长着山艾的灌木沙漠，这里住着林鼠、丛林狼、短尾猫，天空飞着鸳、鹰和猫头鹰。

死亡谷

死亡谷将大盆地沙漠和莫哈维沙漠连接在一起，是北美地势最低（海拔 -86 米）、温度最高的地区，有时候白天温度能够达到 54℃。

吉拉啄木鸟
（→ p.144）

空中的鸟

虽然沙漠里的树不多，但还是有很多鸟在这里游荡，比如雀鹀、歌莺雀、岩鹪鹩、弯嘴嘲鸫，以及黄脸林莺等莺类。棕曲嘴鹪鹩、黄扑翅鴷和吉拉啄木鸟是这里的留鸟。

莫哈维沙漠

莫哈维沙漠生长着短叶丝兰和三齿团香木，是响尾蛇、更格卢鼠、阿氏沙龟、棕曲嘴鹪鹩和毒蜥的家。

内华达山脉

加利福尼亚湾

墨西哥湾

奇华胡安沙漠

奇华胡安沙漠的牧豆树长得很高，仙人掌和仙人球则长得比较低，捕鸟蛛、蝎子和蜥蜴潜伏在其中。在这里，墨西哥兔也很常见。

食草动物

沙漠是加拿大盘羊最后的避难所，盘羊通过躲在阴影里、排汗及喘气的方式散热。叉角羚也是这里的居民，还有吃相思、仙人掌和其他灌木的弗吉尼亚鹿。

黑尾鹿
（→ p.111）

索诺兰沙漠

索诺兰沙漠的巨人柱（仙人柱）能长到 15 米以上。林鼠、娇鸺鹠、吉拉啄木鸟和蜂鸟居住在巨人柱上。

烈日炎炎

沙漠中的动物需要克服艰难险阻才能生存下去。这里不仅饮水稀少，还有头上灼热的骄阳带来的热浪，以及脚下因吸收了太阳辐射而滚烫的地面带来的炙烤。因此，腹背受敌的沙漠动物演化出了独特的能力来应对这些危机。更格卢鼠等啮齿类动物白天躲在洞穴里乘凉，它们能从吃掉的植物里获得水分。响尾蛇具有毒性，能够快速地杀死猎物。有的动物长着大大的耳朵，利于散热，也有的长着宽阔的嘴。每一种动物都有自己独有的应对极限环境的能力。

适应性：大耳朵

沙漠动物演化出了各种各样的散热方法，其中最为明显的莫过于又大又薄、布满血管的耳朵。当风吹过，热量会被带走，这样血液温度就会降低。黑尾兔和敏狐都有大大的耳朵。

娇鸺鹠躲在巨人柱上的洞里乘凉。

红头美洲鹫的深色羽毛会吸收热量，因此它们会往腿上排尿保持凉爽，并飞到冷空气中降温。

网样蟾蜍等蟾蜍在洞穴里休眠，夏季降雨后，雨水填满地洞，这时它们才会出来繁衍后代，寻找食物和水，以迎接下一次等待。

墨西哥兔有布满血管的大耳朵，当站在阴影中时能很快降温。

北美小夜鹰在天气很热的时候会进入一种称为夏眠的睡眠状态，醒来后它们会通过不停地张嘴和蠕动喉咙的方式蒸发水分降温，不过必须经常喝水才行。

黑尾兔大耳朵上的血管长得靠近表面，所以能大面积地降低血液温度。

黑尾兔

敏狐的血液经过大耳朵阴影里的血管时会散发热量。

敏狐

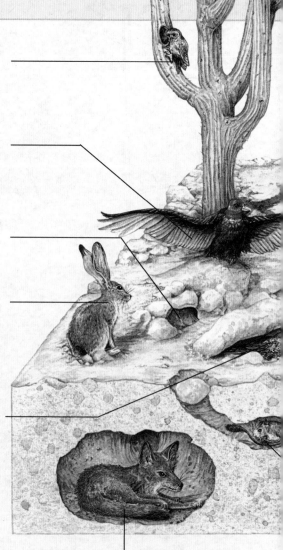

敏狐白天最热的时候躲在地洞里，它们的爪子有厚厚的毛防止接触地面时烫伤，并且也有大耳朵降温。它们从食物中获得水分。

与干旱和酷热共存

缺水是沙漠中全年都存在的问题，并且每年有 4~5 个月地表温度都会高得不适合任何动物生存。这张图展示了一些动物保持凉爽和避免干渴的策略。

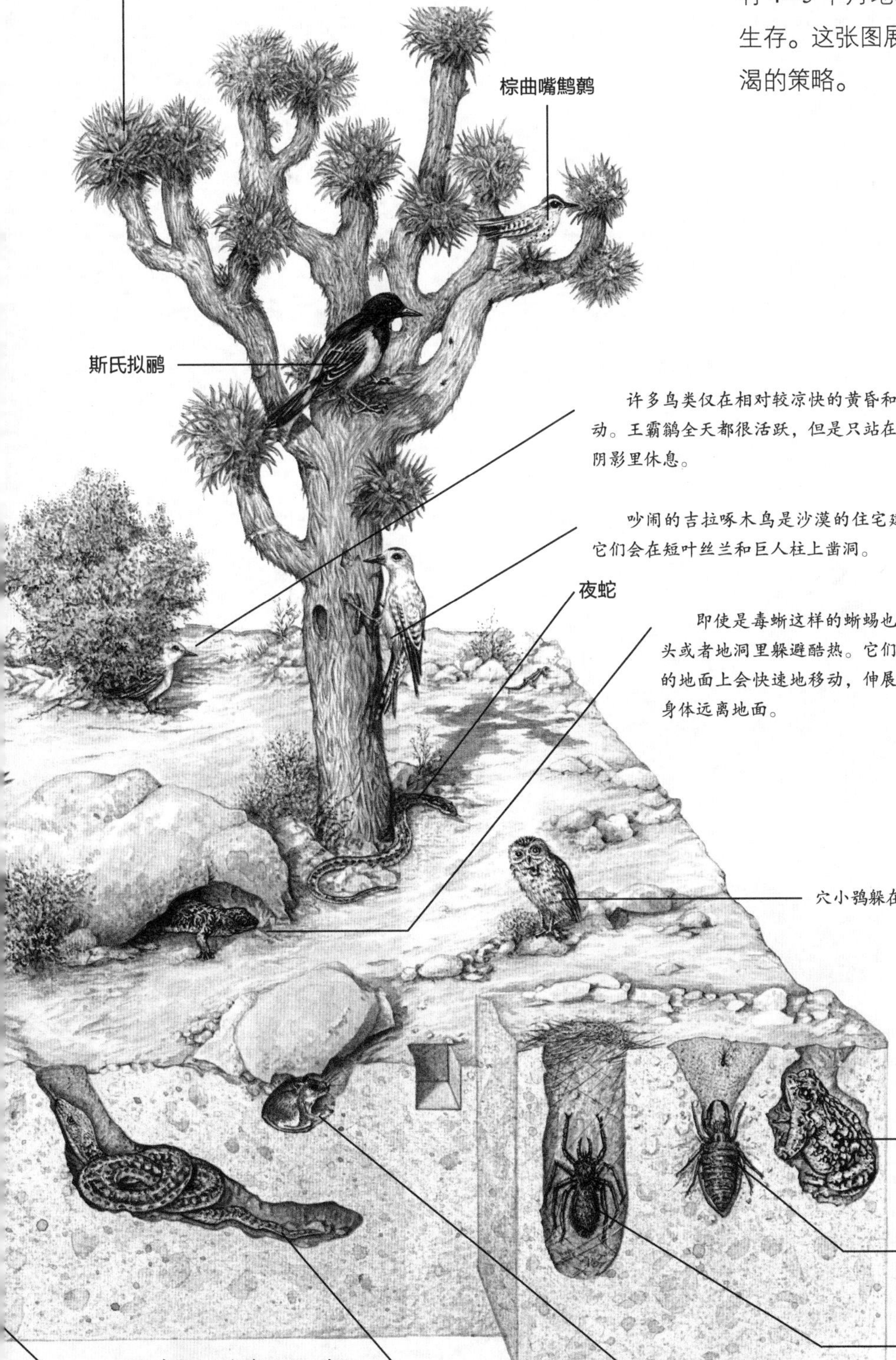
短叶丝兰
莫哈维沙漠中的短叶丝兰是动物们的活动场，为许多小动物提供了家园。这里的昆虫会吸引其他动物。
棕曲嘴鹪鹩
斯氏拟鹂
许多鸟类仅在相对较凉快的黄昏和清晨活动。王霸鹟全天都很活跃，但是只站在灌木的阴影里休息。
吵闹的吉拉啄木鸟是沙漠的住宅建筑师，它们会在短叶丝兰和巨人柱上凿洞。
夜蛇
即使是毒蜥这样的蜥蜴也会在石头或者地洞里躲避酷热。它们在炎热的地面上会快速地移动，伸展四肢让身体远离地面。
穴小鸮躲在地下。
网样蟾蜍躲在洞里避免太阳暴晒。
蚁狮的幼虫会挖沙坑诱捕昆虫。
螲蟷蜘蛛躲在试管一样的洞里，洞上面有盖子。
更格卢鼠白天躲在洞里，并且会把洞堵起来防止呼吸出去的水汽流失。它们体内的生理和化学机制能够将吃下去的干种子转化成水。
牛蛇白天在地道里睡觉。
白腹食蝗鼠在石头底下挖坑乘凉。

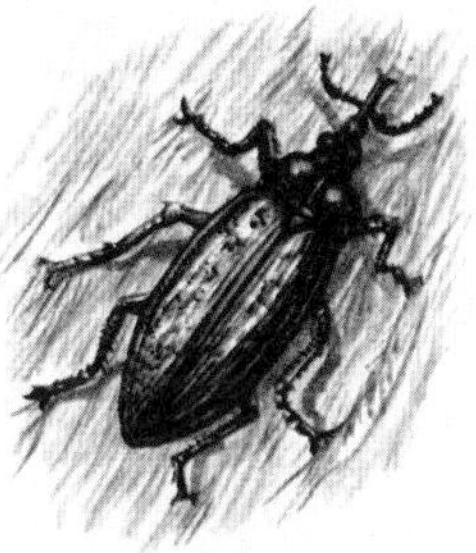

丝兰象甲

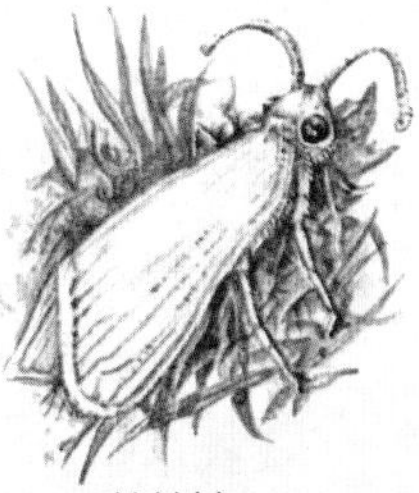

丝兰蛾

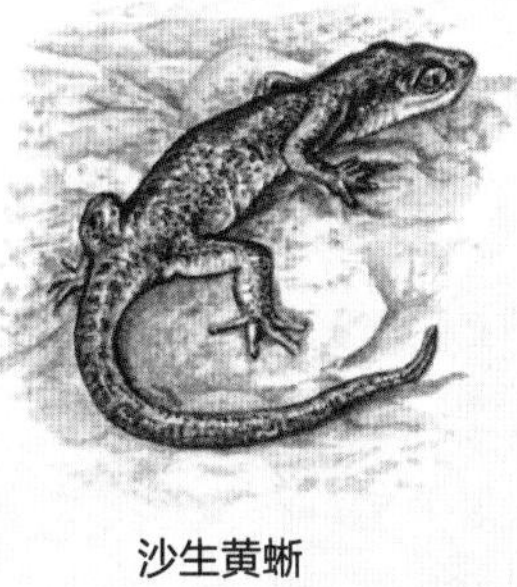

沙生黄蜥

温带森林

温带森林的冬天常常贫瘠寒冷，落叶树到秋天会落掉所有叶子，因为树木很难从硬冷的土地中汲取水分。寒风吹过光秃秃的树枝，大雪覆盖地面，这时候的树看起来了无生气。

然而到了春天，太阳的温暖触摸着大地，树枝开始抽芽，森林的地面百花齐放。到了夏天，树木变得郁郁葱葱，森林里到处都是各种生命。并不是所有温带树木都是落叶树。在加利福尼亚、地中海以及澳大利亚等地方，冬天只是较为凉爽而不会很寒冷，这里的树木是常绿阔叶树。但即使在这些地方，冬夏的交替还是有着界限。

对于居住在温带森林中的动物来说，生存意味着要与剧烈变化的季节共存，或者像很多鸟类一样，冬季迁徙到其他地方去。然而，还是有许许多多的动物通过寻觅稀少的食物或者冬眠的方式适应了季节变换。虽然和热带雨林比起来温带森林的动物要少了很多，但是这里依然是物种多样性很高的生境之一。

温带森林在哪里？

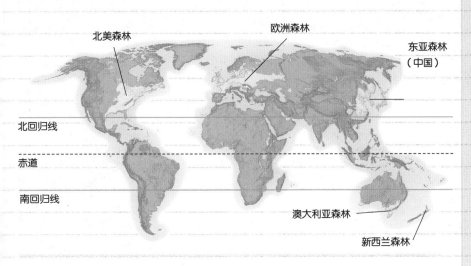

北美森林　欧洲森林　东亚森林（中国）

北回归线

赤道

南回归线

澳大利亚森林

新西兰森林

温带森林对比

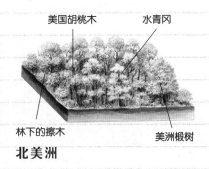

美国胡桃木　水青冈

林下的擦木　美洲椴树

北美洲

北美洲东部的森林里，橡树和山核桃等树木的树冠会遮蔽擦木等灌木生长。更向北的森林生长着松树和红杉。

桴树　桦树　橡树

林下的蕨类和悬钩子

欧亚大陆

欧洲的森林区域化很明显，从生长在石灰土中的水青冈到黏土中的橡树都有。混交林中可能生长着橡树、桴树和桦树，林下生长着悬钩子等灌木。

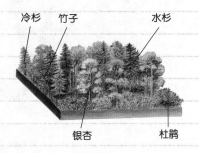

冷杉　竹子　水杉

银杏　杜鹃

中国

中国的阔叶林如今较为斑块化，其中生长着银杏树和水杉树，还有茂密的杜鹃。

桉树　南青冈

林下的蕨类

澳大利亚

澳大利亚南部生长着茂密的桉树。更向南的高海拔地区气温较低也更为潮湿，这里生长着常绿的南青冈和杏仁桉。

温带森林环境

温带森林中的水分蒸发较慢，并且总有足够的降水供树木生长，全年降水量一般在760~1500毫米。有些地方的森林降水量非常大，甚至被称为"温带雨林"。

太阳和雨

在典型的温带森林里，夏天非常温暖，但冬天很寒冷，地面温度还不到5℃。由于经常结霜，大部分树木都很难在冬天汲取水分。

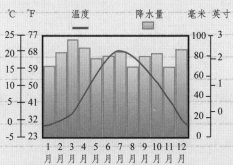

冬天的森林

冬天的落叶树光秃秃，视野很好，但是由于空气很冷，动物很难找到食物，因此只有最坚韧的动物才会留在这里。

春天的森林

春天到来，报春花和蓝钟草等花儿仅有短暂的时间开放，之后上方的树冠就会生长起来，遮蔽下行的阳光。

欧亚温带森林

由于温带森林中的食物来源受季节变化影响明显，很多大型动物都无法在此生存。不过，很多鸟类和小型哺乳动物还是这里的常客，昆虫和小型无脊椎动物数量则更多。每一种林地类型——水青冈林、橡树林、混交林、松树林、常绿阔叶林——都吸引着特有的物种。举例来说，朱顶雀就很喜欢桦树林，而燕雀则喜欢水青冈。

欧亚鵟
（→ p.133）

地栖鸟类

森林地表有很多植物的种子和无脊椎动物，尤其到了夏天，歌鸲、雉鸡和喜欢翻落叶找蚯蚓的丘鹬都能在这里填饱肚子。

欧歌鸲
（→ p.139）

狼
（→ p.123）

捕食性哺乳动物

森林的冬天猎物稀少，对于纯肉食的猫科动物来说果腹很难，不过，这里还是住着野猫和猞猁。在这样艰难的环境下，狼、狐狸和鼬等大部分捕食者的食谱都比较广。

猛禽

雀鹰等小型猛禽的翅膀较短，适合在林间穿梭，因此它们会在靠近地面的高度伏击猎物。而金雕等大一些的猛禽则会在树林上方滑翔，并扑食林间空地上游荡的动物。长耳鸮和黄褐林鸮在夜间捕猎。

黇鹿
（→ p.111）

啮齿类动物和小型哺乳动物

林子里的树叶、果实、水果和种子为许多小型哺乳动物提供了营养，也滋养了昆虫，同时昆虫本身也是小型哺乳动物的美餐。每 0.65 平方千米的森林能够养育超过 5000 只鼠类，还有许许多多别的小动物。

大斑啄木鸟
（→ p.144）

食草哺乳动物

食草哺乳动物经常只能在林间空地找到足够的草吃，但是森林的存在也为鹿提供了隐蔽场所。鹿还会吃一些树木的嫩苗和灌木。森林里的鹿包括马鹿、黇鹿和狍，另外还有一些引入的物种，比如麂和獐。

空中的鸟

春天森林里充裕的昆虫吸引了大量的雀鸟，如柳莺和鸫。而夏季结出的莓果和种子则喂饱了山雀和鸦。

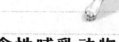

睡鼠
（→ p.112）

幼虫

成虫

二尾舟蛾
（→ p.152）

食叶动物和杂食动物

许多森林动物的食谱比较杂乱，甚至连貂等肉食性动物都会吃一些水果和坚果。不过，森林中主要的杂食动物其实是獾和野猪。獾主要吃蚯蚓，但是秋天也会吃种子、甲虫和水果。

野猪
（→ p.109）

蝴蝶和蛾

落叶树的春季嫩叶为无数毛虫提供了食物，而成年蛾子和蝴蝶则会吸食春花的花蜜。紫斑翠灰蝶喜欢在橡树的树冠附近飞舞，而紫闪蛱蝶则喜欢柳树。蛱蝶青睐地面上的紫罗兰。

无脊椎动物

春天的森林里，无脊椎动物呈爆发式生长，并在新生的植被中大量繁衍。落叶堆里满是蚂蚁、蜈蚣、蛞蝓和蜗牛，而新鲜树叶则滋养着甲虫、蜻和蟋蟀。有的蝇类则以其他无脊椎动物为食。

瓢虫
（→ p.150）

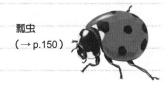

比亚沃韦扎森林

波兰边境的比亚沃韦扎森林是欧洲仅存的大森林之一，这里住着狼、熊、鹿以及从动物园重新引入的欧洲野牛。

巴掌大的森林

欧洲大部分土地曾经都覆盖着落叶森林，但由于森林下方的土壤非常肥沃，大部分都被开垦为农田，如今天然林仅呈斑块状独立分布。

干燥温暖的森林

地中海四周的森林大部分都是常绿林，由西班牙栓皮栎和开心果树等树木构成。

森林生活

温带森林和热带雨林一样可以分为清晰的层次，只是树木没有热带雨林那么高、那么密。最上层是树冠层，这里有着很多植食动物，如鸟类、小型哺乳动物和昆虫，它们主要吃叶子和水果。下一层是蔷薇科等植物构成的林下植被层，地栖鸟类和大型哺乳动物隐藏在这里。森林的地面是一层厚厚的落叶，在凉爽的空气里缓慢腐烂。田鼠和鼩鼱在土地里打洞，土里还有许许多多昆虫、蜈蚣、鼠妇和其他无脊椎动物。

适应性：鸟鸣

春天和冬天的森林里充斥着鸫和柳莺的叽喳之声。鸟儿通过鸣叫互相联络，但是雄性唱歌则主要是为了吸引雌性或者宣示自己的领地。每一种鸟都有独特的叫声，而且叫声会随着季节更替而变化。冬天时，雄乌鸫会悄悄地鸣唱，进而打动雌性，但是到了春天，它们则会站在高枝上大声宣示自己的领土所在。找到对象后，鸟儿会开始筑巢，不同的鸟儿也有特定的筑巢高度。

槲鸫
20 米以上

乌鸫
高达 9.8 米

欧歌鸫
几乎在地面上

蝗莺
略高于地面

柳莺
0.6 米以下

庭园林莺
0.6~1 米

欧歌鸫
1.5 米

森林食物网

森林中的每一棵树都是一个小世界，每个小世界中都居住着很多动物居民。落叶树能够为动物们提供食物和躲避，并将它们整合成一个鲜活的整体。对于一棵树来说，树冠上吃叶子和果实的无数小昆虫和其他小生命的存在至关重要，因为它们构成了动物相互依赖的食物网中的基石。

桦尺蠖

毛毛虫吃许多落叶树春天的嫩叶，而成虫则有着和覆盖苔藓的树干类似的隐蔽色。

雉鸡

雉鸡是机会主义者，它们不光吃种子和昆虫，还会吃蜥蜴、小蛇和小型哺乳动物，比如小鼠。

獾

獾喜欢遮蔽较多的森林，这里有干燥柔软的土壤，它们可以在里面挖掘地道。巨大的地道网络有着十几个出入口，里面住着獾夫妇和它们的宝宝。地道网会一代代传承，有的地道甚至有 100 多年的历史。天蒙蒙亮时，獾就会出来找吃的，它们甚至会吃一些小型哺乳动物，冬天食物少的时候它们会吃腐肉。

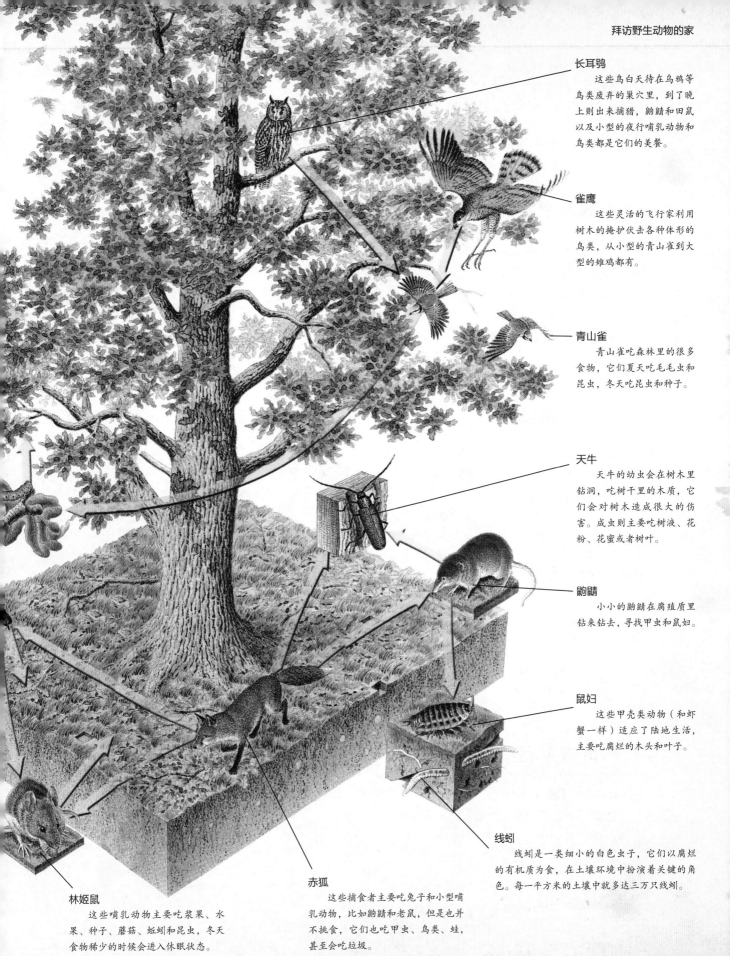

长耳鸮

这些鸟白天待在乌鸦等鸟类废弃的巢穴里，到了晚上则出来捕猎，鼩鼱和田鼠以及小型的夜行哺乳动物和鸟类都是它们的美餐。

雀鹰

这些灵活的飞行家利用树木的掩护伏击各种体形的鸟类，从小型的青山雀到大型的雉鸡都有。

青山雀

青山雀吃森林里的很多食物，它们夏天吃毛毛虫和昆虫，冬天吃昆虫和种子。

天牛

天牛的幼虫会在树木里钻洞，吃树干里的木质，它们会对树木造成很大的伤害。成虫则主要吃树液、花粉、花蜜或者树叶。

鼩鼱

小小的鼩鼱在腐殖质里钻来钻去，寻找甲虫和鼠妇。

鼠妇

这些甲壳类动物（和虾蟹一样）适应了陆地生活，主要吃腐烂的木头和叶子。

线蚓

线蚓是一类细小的白色虫子，它们以腐烂的有机质为食，在土壤环境中扮演着关键的角色。每一平方米的土壤中就多达三万只线蚓。

林姬鼠

这些哺乳动物主要吃浆果、水果、种子、蘑菇、蚯蚓和昆虫，冬天食物稀少的时候会进入休眠状态。

赤狐

这些捕食者主要吃兔子和小型哺乳动物，比如鼩鼱和老鼠，但是也并不挑食，它们也吃甲虫、鸟类、蛙，甚至会吃垃圾。

北美洲温带森林

在欧洲人踏足北美洲东部之前，这里曾经覆盖着广袤的落叶森林，其中栖息着美洲狮和狼。之后，大部分的森林都消失了，狼和狮也跟着一起减少，只有少量存活了下来。这里是许多小型哺乳动物、鸟类和昆虫的家，其中有一些通过休眠或者多样化的食性适应了严苛的冬天。还有一些动物春天才来，并充分享受夏天的美好时光。

密苏里河

落基山脉

落基山脉

北美大平

格兰德河

墨西马德山脉

空中的鸟

即使在冬天，森林中也会回响着各种鸟类的鸣叫声，这些鸟包括山雀、啄木鸟和主红雀。春天会有很多迁徙鸟类造访，如柳莺和红尾鸲，它们从南边而来，奔向它们的大餐——北方的昆虫和植物。

冠蓝鸦
（→ p.137）

卡罗来纳箱龟
（→ p.128）

爬行动物

北美洲东部森林里的湿地和田野为许多爬行动物提供了食物和躲避，其中包括木雕龟、石龙子、蛇等，比如带蛇、糙鳞绿树蛇还有铜头蝮。

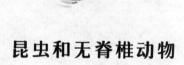

叶蜂
（→ p.152）

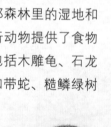

浣熊
（→ p.119）

昆虫和无脊椎动物

春天的新叶为海量的象甲和瘿蜂提供了食物，同时还有很多的甲虫专吃树木的木质。其实，地面上厚厚的落叶层是世界上物种最为丰富的微生境之一，里面爬满了蚂蚁、蜈蚣、蛞蝓和蜗牛。

两栖动物

大部分的蛙、蟾蜍和蝾螈都在森林里的溪流和池塘中产卵，成年后则到树上生活，比如南卡罗来纳州的橡蟾蜍、加拿大南部的变色灰树蛙以及许多其他的两栖动物。

小型哺乳动物

夏天时，无脊椎动物、水果和坚果的资源非常丰富，许多小型哺乳动物都可以大快朵颐，其中包括东美花鼠、田鼠、弗吉尼亚负鼠等。它们同时也是长尾鼬等小型食肉动物的猎物。

斑点钝口螈
（→ p.131）

火鸡
（→ p.144）

阿第伦达克山脉

北部的山谷中，糖枫、桦树和松树构成的森林里，栖息着超过50种哺乳动物，包括河狸、郊狼、驼鹿、松貂，以及鹰和鹗。

地栖鸟类

披肩榛鸡和引入的雉鸡等猎禽主要依靠在地面捡拾莓果和种子为生，平常并不需要飞行多远。披肩榛鸡在杨树上筑巢，雌鸟孵蛋时主要吃花序。

阿勒格尼山脉

这里是曾经绵延阿巴拉契亚山脉的广袤森林仅存的净土之一。阿勒格尼为许多生物提供了庇护所，比如熊、社鼠耳蝠、阿利根尼林鼠等。

食叶动物

北美洲唯一的大型森林食叶动物是弗吉尼亚鹿，但它们的食谱非常广，从叶子到落果都吃，因此能适应包括从缅因州的寒冷松树林到佛罗里达州的温暖沼泽地的各种环境。

北
北

大雾山

这里是世界仅剩的几片未经开发的落叶森林之一，生长着威严高耸的美洲椴树、水青冈和山核桃。

弗吉尼亚鹿
（→ p.111）

黑熊
（→ p.109）

猛禽

森林里的树木为灵巧的猛禽提供了站立之处，方便它们突然出击捕捉小鸟和小型哺乳动物。库氏鹰主要吃蝙蝠、松鼠和花鼠，纹腹鹰主要吃小鸟，苍鹰则捕捉野兔。

捕食性哺乳动物

夏天的林兔和野兔是赤狐和短尾猫的食物。灰狐主要吃昆虫和啮齿类动物，它们有着和猫一样灵巧的攀爬能力。猎物匮乏的时候，猎手们也会吃水果等其他食物。在北卡罗来纳州的森林里，住着珍稀的红狼。

东美角鸮
（→ p.140）

55

森林的一年

对于温带落叶林的生物来说，生命受季节的支配。其他任何生境都没有如此剧烈的季节变化，能够在一年中从像北极冬季似的荒芜转变到热带夏季一样的丰饶。每种动物都有自己的应对方式，但主要有四种策略：有些动物可以随着季节的变化改变它们的饮食和生活方式；许多鸟在冬天迁徙；一些小动物整个冬天都在睡觉；许多昆虫都将它们的生长发育推迟到了春天。

斯氏鹭

黑白林莺

其他

斯氏鹭

猩红丽唐纳雀

红眼莺雀

适应性：迁徙

每年秋天为了躲避寒冬，大多数落叶林的鸟类都会向南迁徙。不同物种的迁徙路线和目的地各不相同，但大多数是在相同的聚居地之间迁徙，利用恒星和自身的磁罗盘以惊人的准确性来引导自己。

冬眠

冬季的寒冷意味着动物需要额外的能量来维持生命，然而此时食物却很匮乏。许多小型哺乳动物通过冬眠存活下来，一些爬行动物、两栖动物和昆虫也是如此。冬眠是指逐渐停止身体活动，直到动物进入几乎不消耗任何能量的休眠状态。为了免受捕食者的伤害，冬眠大多数在洞穴中进行。

赤狐饮食结构多样化，最大限度地利用食物。

火鸡冬天会到森林里寻找栖身之处，并以橡子为食。

豪猪聚集在洞穴里，当天气干燥时，会短暂地出来吃一些树皮，这是它们冬天的食物。

披肩榛鸡

北美灰松鼠依靠秋天埋在地下的坚果度日，整个冬天都会活动。

弗吉尼亚鹿聚集在一个叫"鹿场"的地方，以橡子为食。

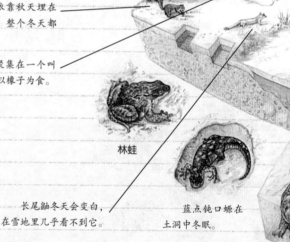

林蛙

长尾鼬冬天会变白，在雪地里几乎看不到它。

蓝点钝口螈在土洞中冬眠。

拟鳄龟

冬天

当冬天真正到来的时候，恒温动物可以自己产生热量来避免身体冻僵，变温动物则必须使用其他策略。一些昆虫的体内充满了抗冻蛋白质和抗冻液——丙三醇。许多蛙和龟躲在冰下的池塘里，通过皮肤吸收氧气。树蛙真的会让自己冻住，神奇的是，它们依然能活下去。

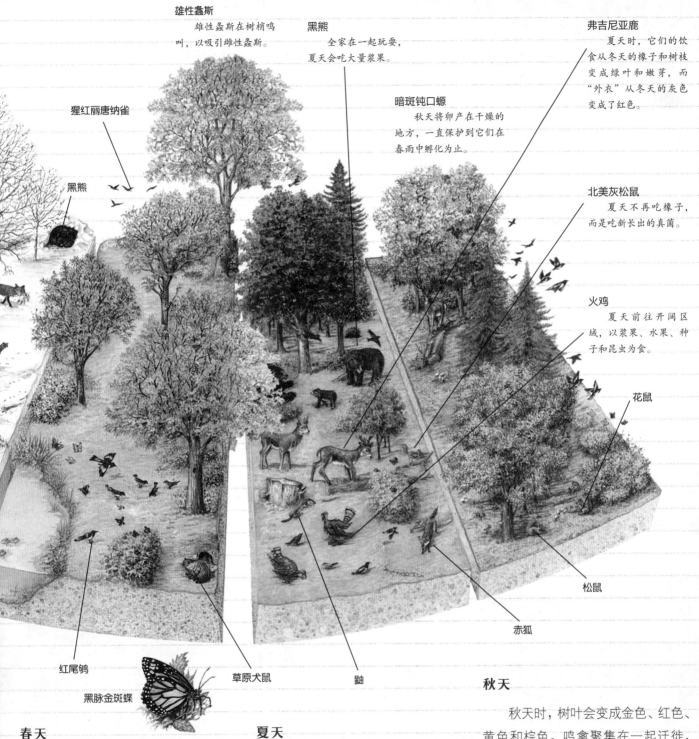

雄性蠢斯

雄性蠢斯在树梢鸣叫，以吸引雌性蠢斯。

黑熊

全家在一起玩耍，夏天会吃大量浆果。

弗吉尼亚鹿

夏天时，它们的饮食从冬天的橡子和树枝变成绿叶和嫩芽，而"外衣"从冬天的灰色变成了红色。

猩红丽唐纳雀

暗斑钝口螈

秋天将卵产在干燥的地方，一直保护到它们在春雨中孵化为止。

北美灰松鼠

夏天不再吃橡子，而是吃新长出的真菌。

黑熊

火鸡

夏天前往开阔区域，以浆果、水果、种子和昆虫为食。

花鼠

红尾鸲

草原犬鼠

鼬

松鼠

黑脉金斑蝶

赤狐

秋天

春天

春天来了，树上长出新芽，花儿竞相开放，昆虫也多了起来。琉灰蝶在柳叶马利筋上啜饮，黑脉金斑蝶在乳草上产卵。在南方过冬的鸟会飞回来捕食昆虫，如红尾鸲、绿鹃、唐纳雀和莺。

夏天

夏天时，每1平方米的林地能生长1公斤的植物。植物和以它们为食的昆虫都成了丰富的食物。羽翼未丰的鸟儿飞向空中，春天出生的哺乳动物开始成长，并学习如何保护自己。

秋天时，树叶会变成金色、红色、黄色和棕色。鸣禽聚集在一起迁徙，黑脉金斑蝶也是如此。留下来的动物开始储备冬天的食物，要么像鹿一样猛吃，要么像松鼠、花鼠、鸦科鸟类，甚至狐一样把食物藏起来。雄性鹿会寻找对手，并与之进行激烈的战斗。

亚洲温带森林

曾经有一片广阔的温带森林横贯中国中部，穿过朝鲜半岛，一直延伸到西伯利亚东部。4000 年前，大部分森林被砍伐用作农耕，但留存下来的部分依旧算得上世界上最丰富多样化的温带森林，这里有大量的植物和许多独特的动物，包括稀有的大熊猫。

大巴山

被常绿林阔叶林和栎树林混杂着覆盖的大巴山是稀有的金丝猴、豹、麝以及白冠长尾雉和野猪的家园。

短尾鼩
（→ p.120）

金丝猴
（→ p.116）

灵长类动物

在中国，大约有 18 种猴子生活在森林里，大部分生活在温带地区。其中有很多是独一无二的，比如稀有的滇金丝猴，它们生活在海拔 3000 米以上的常绿森林中，那里冬天大部分时间都在下雪。

空中的鸟

许多林地的鸟类会飞到很远的地方躲避冬天的寒冷，但是东部的森林通常多山，很多鸟会在冬天来临的时候搬到山谷中温暖的地方居住。在这广阔森林里的鸟类有朱雀、山雀、乌鸦和啄木鸟。

和平鸟
（→ p.132）

小型哺乳动物

在远东的森林里，大量的小型哺乳动物依靠水果、坚果和大量的昆虫生存，包括鼠、家鼠和鼹。这些动物反过来又成为紫貂、水貂、黄鼬的猎物。

东方铃蟾
（→ p.131）

小熊猫
（→ p.118）

杂食哺乳动物

中国最著名的本土动物是大熊猫，目前仅存于四川、甘肃和陕西三省。与杂食性更强的小熊猫不同，大熊猫主要以竹子为食。

昆虫

在每一片东部森林里，地面和树木上都布满了蚂蚁、甲虫和许多其他昆虫。中国拥有各种各样的蝴蝶，包括枯叶蛱蝶（完美地模仿了枯萎的树叶）、中华虎凤蝶、丽蛱蝶和稀有的金斑喙凤蝶。

爬行动物和两栖动物

中国林地的多样性与其两栖动物和爬行动物的多样性相当。仅在一个区域就发现了 73 种爬行动物和 35 种两栖动物。爬行动物包括草龟、环蛇、棕黑锦蛇和红点锦蛇。

蚕蛾
（→ p.151）

卧龙

卧龙潮湿的山脉是大熊猫最后的避难所之一，也是90多种哺乳动物的家园，包括云豹和白唇鹿，还有300多种鸟类，包括各种珍稀的雉类。

四川

这片辽阔的常绿阔叶林剩下的部分不多，但是在河流的沿岸，有白天捕食的黑鸢和夜晚出没的蝙蝠。峨眉山的短尾猴住在树上。

乌苏里江森林

在这凉爽的低海岸山丘上，松树与栎树、胡桃树并排生长。这个遥远的世界是稀有的东北虎和豹的避难所，同时，这里还有黑熊、像山羊一样的中华鬣羚，以及独特的蛇，如乌苏里蝮。

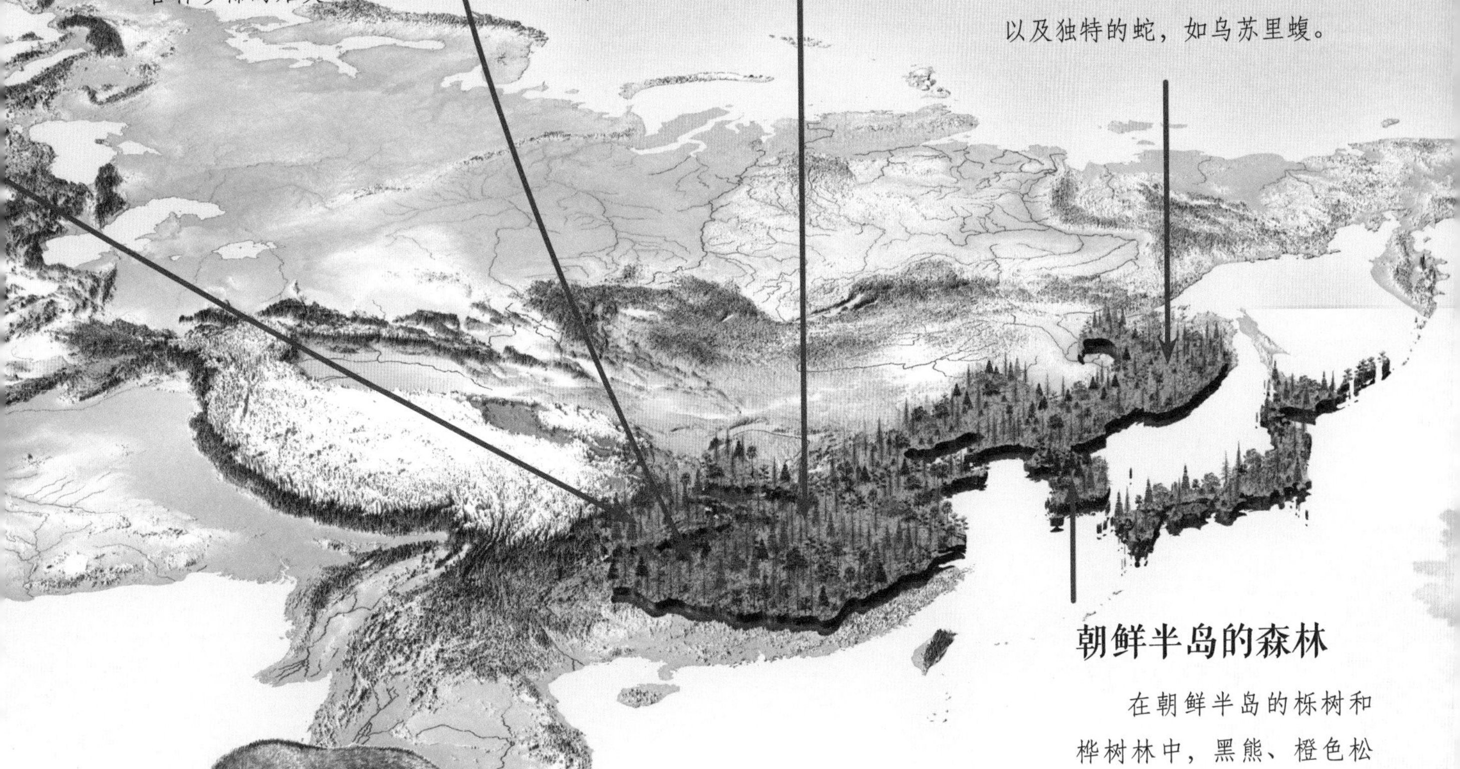

朝鲜半岛的森林

在朝鲜半岛的栎树和桦树林中，黑熊、橙色松田鼠和狼四处游荡。这里也是白腹黑啄木鸟的家园。

扭角羚
(→ p.121)

食草动物和食叶动物

东亚的森林曾经是如此茂密，如此陡峭，以至生活在这里的鹿都长得很小，如梅花鹿、泽鹿、小麂和菲氏麂，以及原麝。在高处开阔的山坡上，有更大的白唇鹿、小岩羊和像山羊一样的鬣羚。

地面的鸟和水鸟

世界上的15种鹤中有3种在东亚森林的河流和湖泊中捕鱼，包括以壮观的求偶舞蹈而闻名的丹顶鹤。这里也生活着冠麻鸭、鸳鸯和中华秋沙鸭。

雉鸡
(→ p.141)

东北虎
(→ p.122)

捕食性哺乳动物

过去，森林里丰富的猎物供养了许多大型食肉动物：虎、云豹、狼和黑熊。但是，森林的减少和偷猎活动使这些动物陷入危机。

遗落的森林

在中国西部边缘——四川，高耸的喜马拉雅山逐渐平坦，形成了高原、平坦盆地和深谷等惊人的景观。陡峭的山坡永远笼罩在雾中，为茂密的森林提供了充足的水分。值得注意的是，这里的特殊气候条件意味着每爬上一个梯度森林的变化都剧烈得如同佛罗里达到阿拉斯加一样，这里的林地类型从低谷中的亚热带森林至高山松林皆有。这种独特的变化为种类繁多的动物提供了生存环境，使中国中西部成为世界上最特殊的栖息地之一。

适应性：伪拇指

稀有的大熊猫是熊科中的一员，几乎完全素食，这与它们近亲的饮食习惯并不相同。它们生活在海拔1400米以上的竹林中，几乎只吃竹子，吃的时候会用前爪抓住。为了能握住竹子茎，大熊猫的前爪长出了一个额外的伪拇指。

在大多数动物身上，这块骨头只是一块普通的腕骨，但在大熊猫身上，却长成一个额外的伪拇指。

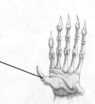

大熊猫多出的伪拇指可以让它在吃东西的时候牢牢地抓住竹子，并折断竹子的嫩枝。

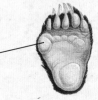

因为每天要花12~14个小时吃饭，所以大熊猫会坐着或躺着吃东西，这使得它们在咀嚼竹子时用爪子抓握更方便。

生存梯度

在世界各地，气温通常随着海拔的升高而稳步下降。但四川却因为两个因素而在这方面与众不同。首先，不同环境所包含的条件之间存在巨大差异；其次，四川的地理位置正好是动物演化的十字路口，在这里，东洋区与古北区（古北区包含了欧亚大陆北部和北美洲）分别演化的生物相遇了。此外，由于深谷的隔绝，一些生活在寒冷气候下的动物可以避免竞争压力，即使它们在世界其他地方已经消失了，也能在这里存活很久，如四川短尾鸲。

不同的森林梯度确保了种类繁多的生物有适合的生态位。图中显示了一些生活在不同梯度的动物。有些只能有限地生活在一个梯度，比如相思鸟。

麝

麝是一种生活在竹林里的小动物，只有1米高。雄麝没有角，但是有长长的犬齿用来搏斗。人们大量偷猎雄麝，以获取它们分泌的用于制造香水的麝香。

华南虎
（可能已灭绝）

棕尾虹雉
毛冠鹿
黑颈鹤
白冠长尾雉
猞猁
毛冠鹿
丹顶鹤
白冠长尾雉
羚牛
黑熊
猞猁
毛冠鹿
赤麂
大熊猫
白鹇
红腹角雉
鬣羚
喜马拉雅鬣羚
相思鸟
秋沙鸭
蓑羽鹤
鬣羚
喜马拉雅鬣羚
金丝猴

高山带：
4000 米以上

　　山顶上是开阔的高山草甸，向上过渡为裸露岩石，直达雪线之下。

杜鹃花丛：
3000~4000 米

　　在靠近坡顶的地方，天气异常寒冷干燥，连针叶树都无法生存，于是森林向外延伸成一片杜鹃花丛。

凉爽的温带森林：
2000~3000 米

　　在这一梯度上，杜鹃花丛和映山红丛取代了竹子，针叶树逐渐变得稀少贫瘠。

云雾森林：
1400~2000 米

　　这一区域更加凉爽湿润，经常被低云中的湿雾所笼罩。在这里，浓密的松树和冷杉林取代了栎树，而松树和冷杉林中混杂着高大且生长迅速的竹子。

低坡：
600~1400 米

　　丘陵地带混合生长着常绿阔叶乔木和落叶乔木，主要是栎树。到处都有独特的原始树木——银杏和水杉。

大洋洲温带森林

澳大利亚最南部的塔斯马尼亚岛和新西兰北部虽然是温带，却非常潮湿，生长着雨林。然而，在有遮蔽的东部海岸附近，土地较干且温暖，这里生长着干燥的桉树森林。

在这里，每个地区都有自己的野生动物种类，与世隔绝的环境使得塔斯马尼亚和新西兰的动物显得与众不同。

卡奔塔利亚湾

阿纳姆地

巴克利高原

金伯利高原

麦克唐奈山脉

辛普森沙漠

澳大利亚西南部

西南部温暖的桉树林里到处都是鸟，比如黑头环颈鹦鹉和尖嘴吸蜜鸟。这里也是稀有的毛尾袋鼠和像老鼠一样又小又凶猛的帚尾袋鼩的家园。最稀有的当数澳大利亚短颈龟。

大沙沙漠

吉布森沙漠

维多利亚大沙漠

北

笑翠鸟
（→ p.138）

树袋熊
（→ p.114）

树栖食叶哺乳动物

在南澳大利亚和塔斯马尼亚的桉树间，许多灵活的有袋动物爬上跳下，包括帚尾袋貂、袋貂，以及能在树木之间滑行100米的大袋鼯。

爬行动物和两栖动物

新西兰的青蛙属于一类叫"滑跖蟾"的古老类群，7000万年来几乎没有什么变化。巨蛇颈龟、虎蛇和东部拟眼镜蛇在澳大利亚东南部的森林中蜿蜒爬行。

猛禽

除了新西兰隼外，新西兰的猛禽非常少，但是引入的渡鸦会捕捉雏鸟。澳大利亚南部和塔斯马尼亚的开阔桉树森林是楔尾雕、啸鸢和其他猛禽捕食的好地方。

楔齿蜥
（→ p.128）

空中的鸟

红玫瑰鹦鹉
（→ p.142）

桉树林中的吸蜜鸟相当于北方的鸣禽。其他鸟类还包括小型食蜜鸟、暗色鸱鸮和黑噪钟鹊。

地栖鸟类

捕食者的消失意味着许多新西兰的鸟类已经失去了飞行能力，包括北岛几维鸟、鸮鹦鹉和巨水鸡。塔斯马尼亚大部分的地栖鸟类都是引入的，因为它们没办法自己飞到那里。

长鼻袋鼠
（→ p.118）

地面食叶哺乳动物

在新西兰，仅有的地面食叶哺乳动物是引入的，比如鹿和岩羚。在塔斯马尼亚和澳大利亚东南部，有袋类动物在干燥的林地里跳来跳去，包括袋鼠、大袋鼠和长鼻袋鼠。

华丽琴鸟
（→ p.138）

北岛

在高耸的考里松林中，生活着稀有的北岛垂耳鸦、几维鸟、鸮鹦鹉和白顶啄羊鹦鹉。

新西兰

南岛

这里的树林里到处都是鸟，例如新西兰吸蜜鸟、簇胸吸蜜鸟、欧加里托几维鸟和小型的刺鹩。

澳大利亚东南部

在这些红口桉和斜叶桉林中，生活着特别的鸟类，如华丽琴鸟和笑翠鸟，以及许多种有袋动物，如树袋熊、普通袋鼬、袋狸和袋熊。

塔斯马尼亚

这里与澳大利亚其他地区隔绝，生活着独特的动物，如袋獾和刺嘴莺，以及稀有的动物，如侏袋貂和鸭嘴兽。

蛛蜂
（→ p.155）

昆虫

新西兰有超过 2 万种昆虫，许多是本地的，包括数千种甲虫。但还有很多物种都是被澳大利亚高空中的风吹过来的，包括很多蝴蝶，比如恺撒红蛱蝶。

捕食性哺乳动物

新西兰唯一的本土哺乳类捕食者是蝙蝠。长得像狼一样的袋狼在 20 世纪 30 年代灭绝后，塔斯马尼亚仅有一群小型有袋类猎手，比如普通袋鼬。

袋獾
（→ p.122）

丑螽
（→ p.155）

蝗虫

新西兰本土没有老鼠，所以它们在森林栖息地的生态位被一种叫"丑螽"的大型直翅目昆虫所占据。这里还有很多的山地蝗，在南岛的山林中很常见，能长到 3 厘米长。

安全的地面

新西兰野生动物有两个最显著的特征。一是，除了两种蝙蝠之外，新西兰本土没有哺乳动物。二是，这里有大量不会飞的鸟类，如几维鸟和鸮鹦鹉。新西兰之所以没有本土的哺乳动物，是因为在 1.9 亿年前，新西兰的岛屿就与世界其他大陆分开独立出来——这比其他地方哺乳动物的真正出现时间要早得多。由于没有哺乳动物的捕食，新西兰的鸟类对飞行的需求大大减少，因此不会飞的鸟类能够在这里生存演化。新西兰一直是不会飞鸟类的安全天堂，直到人类带来了捕食性动物，比如猫。现在这些鸟类大部分已经灭绝或濒临灭绝。

不会飞的鸟类

每个南部大陆都有本土的不会飞的大型鸟类，南美洲的美洲鸵、非洲的鸵鸟、亚洲的鹤鸵、澳大利亚的鸸鹋、新西兰的几维鸟，以及现在已经灭绝的巨型恐鸟。这些被称为"平胸鸟"的鸟类之间可能是相互关联的，因为它们都是在 1 亿年前大陆连在一起时从一种不会飞的鸟类演化而来。但一些专家认为，新西兰的鸟类是独立演化的，在岛屿独立后才失去了飞行能力。

象鸟（灭绝）

大型卵

曾经活着的最重的鸟可能是马达加斯加的象鸟（*Aepyornis maximus*）。在人类到来之前，这种巨大的不会飞的鸟一直生活在岛上，它们身高 2.7 米，体重有 450 公斤，卵化石很大。

象鸟蛋　　　鸵鸟蛋　　　鸡蛋

美洲鸵

适应性：产卵

和新西兰一样，与世隔绝的澳大利亚拥有独特的生物，比如长着鸭嘴、蹼足和河狸尾巴的鸭嘴兽。两种针鼹和鸭嘴兽是仅存的单孔目动物，也就是卵生哺乳动物。单孔目动物与其他哺乳动物的祖先相同，但在澳大利亚隔绝演化。而在世界上其他地方，生下发育完全的婴儿的哺乳动物取代了单孔目动物。

鸭嘴兽的鸭嘴状喙用来探测河床上的泥土，寻找昆虫幼虫和甲壳类动物。

鸭嘴兽在河岸上挖掘很深的洞并在里边产卵。

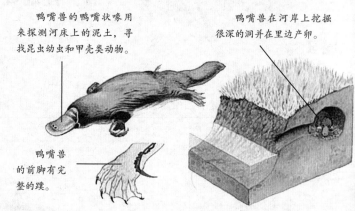

鸭嘴兽的前脚有完整的蹼。

冈瓦纳古陆

世界上的大陆是缓慢地绕着地球移动的，并不是固定在某个地方。大约 1.5 亿年前，当恐龙统治地球，鸟类开始演化，所有的南部大陆都连接在一块巨大的陆地上，科学家们称之为"冈瓦纳古陆"。

北美洲　亚洲　欧洲　非洲　南美洲　印度　澳大利亚　南极洲

冈瓦纳古陆大约在 6000 万年前解体。

孔子鸟

孔子鸟是最早的有喙鸟类之一，它们的历史可以追溯到 1.3 亿年前。孔子鸟的化石发现于中国辽宁。

孔子鸟

新西兰的不会飞鸟类

在人类到来之前，新西兰有不会飞的恐鸟，比如长到 4.5 米高的南方巨恐鸟，以及较小的东部恐鸟。现代的几维鸟是仅存的恐鸟远亲之一。新西兰还有一些与恐鸟无关的不会飞的鸟，包括鸮鹦鹉（世界上唯一不会飞的鹦鹉），以及新西兰秧鸡和巨水鸡。

鸵鸟

鹤鸵

渡渡鸟
（灭绝）

鸸鹋

恐鸟
（灭绝）

东部恐鸟
（灭绝）

鸮鹦鹉

巨水鸡

几维鸟

树袋熊

树袋熊是澳大利亚众多独特的生物之一。虽然名字里有个"熊"字，但它并不是熊的近亲。事实上，它是一种有袋动物，雌性树袋熊有一个育儿袋。虽然育儿袋是向下打开的，而且母亲会精力充沛地在树上爬来爬去，但树袋熊幼兽似乎从没有掉出来过。树袋熊完全以桉树的叶子为食，白天睡觉，晚上进食。它们从食物中获取水分，所以不需要从树上下来。

温带草原

　　广阔、开放的天然草地曾经遍布北美和亚洲内陆。这里远离海岸，总是刮着满载湿气的风，因此许多大树都无法生长。不过每年春天时，这里都有足够的雨水和雪来滋养茂盛的草地。大片土地虽然已经被开垦为农田，但仍然有大量的自然栖息地留存。

　　从远处看，草原对生活在这里的动物来说似乎是单调、荒凉的地方。即使在风平浪静的夏天，微风也会在草地上泛起涟漪。冬天下雪的时候，暴风雪可以不受阻碍地咆哮着穿过平原。

　　但是，草地也有潜在的优势。大多数植物都是从冠部生长出来的，而草则是从地面生长的，所以草被吃时受到的伤害最小。通过聚集成群来解决缺少庇护所问题的食草动物在这里也找到了充足的食物。草也会深深扎根，软化土壤，使其成为穴居生物的理想栖息地。因此，虽然这里表面上看起来是平静的，但由于小动物在里面睡、吃和挖洞，地下可能是一片繁忙的景象。

温带草原在哪里？

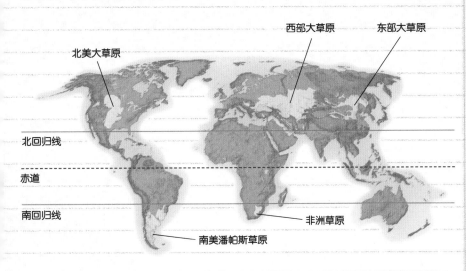

西部大草原　　东部大草原

北美大草原

北回归线

赤道

南回归线

非洲草原

南美潘帕斯草原

温带草原对比

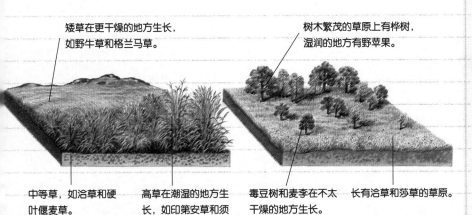

矮草在更干燥的地方生长，如野牛草和格兰马草。

中等草，如洽草和硬叶偃麦草。

高草在潮湿的地方生长，如印第安草和须芒草。

树木繁茂的草原上有桦树，湿润的地方有野苹果。

毒豆树和麦李在不太干燥的地方生长。

长有洽草和莎草的草原。

北美大草原

大草原上生长着数百种不同的草，随着西部降雨量的减少，草的种类也发生了变化。在海拔高、干旱的西部平原上，生长着短草，如野牛草和格兰马草。它们不到 50 厘米高，因此这里也被称为"矮草草原"。再往东是混合草原，这里有可以长到 1.5 米高的洽草。在潮湿的东部还有一些高草的大草原，比如印第安草和须芒草，它们能长到 3 米高。

亚洲大草原

欧亚大陆的草原通常被称为"干草原"，这片广阔的草原是世界上面积最大的草原。欧亚大陆的大部分草原是半干旱的，因为这里远离带来降雨的海风。许多其他类型的植物无法在这里存活，而矮草，如针茅草和羊茅草，却在这里茁壮成长。在较湿润的地区生长着小型树木，如毒豆树和麦李，而在更加湿润的西部，成片的果树和桦树形成了森林草原。

温带草原环境

温带草原具有大陆性气候。夏季温暖潮湿，平均气温为 18℃，冬季凉爽干燥，平均气温为 10℃。

雨和雪

大部分的雨水在夏天降下，但是大部分草原的降水来自冬天的降雪。这些雪是未来的蓄水池，用来开启下一个生长季节。

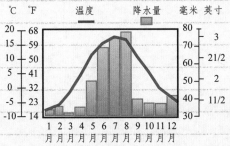

温度　　降水量

俄罗斯大草原

和北美大草原一样，俄罗斯大草原也是春天最美丽的地方。无数的郁金香、俄罗斯分药花和银莲花开始绽放，把大地变得五彩斑斓。

北美大草原

在北美大草原上，夏末常有雷雨。更可怕的是龙卷风，这种猛烈的旋风经常在地面盘旋。

北美温带草原

在欧洲人到来之前，美国中部的大草原和西部的大平原是无边无际、波浪起伏的草的海洋，巨大的野牛群在其间游荡。虽然大部分北美大草原（尤其东部地区）现在演变成了农田，但大片的未开发土地仍然存在。在这里，虽然大部分野牛和其他大型动物已经消失，但仍有大量的小型哺乳动物、鸟类和昆虫。

加州中央山谷

这个地区以加利福尼亚的花菱草闻名。大型植食动物，如叉角羚、驼鹿和黑尾鹿，与小动物，如更格卢鼠和黄鼠，一起生活在这里。

草原松鸡
（→ p.133）

地栖鸟类

大草原上几乎没有遮蔽物，大多数鸟类飞行都是为了躲避捕食者，因此地栖鸟类，比如草原松鸡和艾草松鸡，数量很少。近年来，农业的蓬勃发展加剧了它们数量的下降趋势。

爬行动物

大草原上的冬天非常寒冷，进而限制了爬行动物的数量。大多数爬行动物为了躲避捕食者而住在洞穴里，有短角蜥、细强棱蜥和西方强棱蜥，以及蝮蛇和东部游蛇等蛇类。

牛蛇
（→ p.127）

西部矮草大草原

从内布拉斯加州一直延伸到新墨西哥州，这里是大量蝴蝶、鸟类和哺乳动物的家园，比如草原犬鼠。

黑尾草原犬鼠
（→ p.118）

小型哺乳动物

能够隐蔽的地方很少意味着草原上的小型哺乳动物几乎都是穴居动物。这些动物包括白侧兔和许多其他啮齿类动物，如黄鼠、囊鼠和鼩。

空中的鸟

夏天，许多鸟类以地上的昆虫和其他无脊椎动物为食，如捕蝇莺和栗肩雀鹀，而有一些鸟类则全年都待在这里，比如山雀。

东草地鹨
（→ p.139）

金雕
（→ p.134）

猛禽

小型哺乳动物必须时不时地从洞穴爬到地面上来。由于没有植被可以藏身，它们很容易成为猛禽的目标，这些猛禽包括草原隼、斯氏鵟、密西西比灰鸢、北鹞、金雕，等等。

收获蚁
(→ p.145)

无脊椎动物

草原土壤中充满了微型生物，比如蚂蚁和蚯蚓。夏天，水面上的昆虫发出各种声响，蜜蜂嗡嗡地叫着，饴弄蝶和其他蝴蝶飞舞着，蟋蟀唧唧鸣唱。冬天，蜜蜂挤在蜂房里，蝴蝶迁徙或以蛹的形态留在这里，其他昆虫则躲在土壤里。

北部矮草大草原

从阿尔伯塔省一直延伸到怀俄明州。这是北美最大的草原，也是各种动物的家园，包括弗吉尼亚鹿、美洲狮和短尾猫等哺乳动物，以及王鹭、尖尾松鸡和岩鸽等鸟类。

弗林特和奥色治山

被大片高草覆盖的大草原，曾经是大群野牛和驼鹿的家园。如今在这里，草原松鸡仍然很常见。

北

短尾猫
(→ p.109)

哈蒙旱掘蟾
(→ p.131)

两栖动物

融化的冬雪和第一场春雨在高草和混合草的大草原上留下了一片片的浅水坑。两栖动物在这里产卵，例如平原豹蛙、怀俄明蟾蜍和东部狭口蛙。

捕食性哺乳动物

曾经主宰大草原的野牛群对大型食肉动物来说过于棘手。如今，大多数草原食肉动物体形都很小。草原狐、郊狼和短尾猫捕捉从洞穴中出来啮齿类动物，而黑足鼬却会把猎物赶进洞里。

叉角羚
(→ p.118)

食草哺乳动物

7000万头美洲野牛曾经成群结队地在北美大草原上游荡，但现在它们的数量急剧下降。其他草原食草哺乳动物依靠速度保命，而不依靠体形和数量，包括敏捷的叉角羚、弗吉尼亚鹿和黑尾鹿。

草原上的猎物

大草原上的生命并不是均匀分布的。相反，它们聚集在热点地区，如溪流和泉水、孤立的树木或隐蔽的山谷。这里最繁忙的地方是草原犬鼠的聚居地。草原犬鼠被称为"基石物种"——一种对栖息地其他动物的福祉至关重要的物种。与其他动物相比，它们对草原生命的塑造起着更大的作用。在其聚居地附近发现了超过 200 种其他的野生动物，这些动物中很多都依靠草原犬鼠来获取食物或栖息地。

适应性：花的选择

春天和夏天时，大草原上的花朵会吸引大量的蝴蝶，包括弄蝶、琉璃蛱蝶和优红蛱蝶。每种蝴蝶都有它们最喜欢的植物。虽然大多数毛毛虫都只吃一种植物的叶子，但成虫就不那么挑剔了。它们飞到一片片的花丛中，去找寻交配或迁徙所需的花蜜。

草原上最常见的蝴蝶之一，饴弄蝶在矢车菊、柳叶马利筋和紫泽兰的花朵上啜饮。

鹿眼蛱蝶幼虫通常只以车前为食。成年后，它们更喜欢紫菀、矢车菊和菊苣。

菲罗豆粉蝶以紫菀、牵牛花和马缨丹为食，而幼虫则喜欢豌豆花。

鹰盘旋在草原犬鼠聚居地上空，试图捕捉它们。

草原犬鼠中心

草原犬鼠"城镇"是一个精心设计的由隧道组成的洞穴，有成千上万的动物生活在里面。洞穴非常之大，以至所有的生物都能在里面找到家，有白足鼠也有蝾螈。草原犬鼠不知疲倦地翻土，使植物长得更好。它们的觅食活动和粪便进一步促进了植物的生长，从而使禾本植物和草本植物混合的植被繁茂起来，成为野牛等食草动物的大餐。草原犬鼠也是捕食者的猎物，这些捕食者有草原狐，也有鹰。

草原犬鼠白天在地面上觅食，把洞穴作为躲避捕食者的避难所，以及晚上睡觉和养育后代的地方。

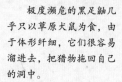

极度濒危的黑足鼬几乎只以草原犬鼠为食，由于体形纤细，它们很容易溜进去，把猎物拖回自己的洞中。

美洲野牛

　　这些大型食草动物以小麦草、野牛草和其他类似的草为食。"野牛"的名字来自法国探险家，当他们看到野牛成群结队时，就叫它们"les boeufs"（即"那是牛"）。欧洲人到来后，数以千万计的野牛消失了，到 19 世纪中期，野牛几乎灭绝。后来，人们开始大力推进保护措施，野生种群得以重新建立。

美洲野牛喜欢因草原犬鼠不断啃食刺激而生长的新鲜植物。它们在尘土中打滚来摆脱蚊虫叮咬。

草原狐会捕食夜幕降临时仍在外面吃东西的草原犬鼠。

冬天，山蓝鸲以生活在草原犬鼠聚居地的甲虫和苍蝇为食。它们在洞穴上空盘旋寻找猎物，或者在附近栖息。

美洲獾在夜间挖洞捕捉睡觉的草原犬鼠。草原犬鼠有一条秘密的逃跑路线。

岩鸻喜欢在草原犬鼠吃草后形成的短草中筑巢，尤其喜欢草原犬鼠挖掘后露出的裸露土地。

当獾在前面挖洞时，郊狼经常埋伏在后面草原犬鼠的秘密逃跑路线上。

挖进洞中抓到草原犬鼠后，獾通常会住在里面。

棉尾兔通常住在被遗弃的草原犬鼠洞里。兔子和草原犬鼠吃同样的植物，所以如果兔子在白天出来，草原犬鼠就会把它们赶走。

虎纹钝口螈是许多乐于利用"城镇"提供的庇护所的两栖动物之一。

穴小鸮会在旧的草原犬鼠洞中筑巢。一旦受到惊吓，它们的幼崽就会发出像响尾蛇一样的声音。

草原响尾蛇偶尔会进入草原犬鼠的洞穴。它们有时会捕食草原犬鼠的幼崽，但成年草原犬鼠会联合起来驱赶它们。

欧亚温带草原

亚洲的大草原形成了一条巨大的针茅草和羊茅草带，长度达到地球周长的1/4。虽然这里的冬季比北美大草原还寒苦——尤其是阿尔泰山之外的东部大草原，但夏天却郁郁葱葱。为了充分利用夏天的丰富资源，无数的小型哺乳动物会在地下熬过冬天。更多的鸟类和食草动物则在春天才到达这里。

猛禽

草原啮齿类动物和爬行动物都暴露在地面上，因此许多猛禽在这里捕食，包括白尾鹞、白肩雕、白尾鸳、毛脚鹭和黄爪隼。农业发展使它们都变得更加罕见。

草原鹞
（→ p.136）

捕食性哺乳动物

狼已经不像以前那么常见了。但是，包括松貂和艾鼬在内的许多较小的食肉动物还在，它们以大量的啮齿类动物为食。稀有的雪豹栖息在中亚的高草原上。

兔狲
（→ p.110）

水䶄
（→ p.122）

小型哺乳动物

大草原上几乎没有小型哺乳动物的栖身之所，许多啮齿类动物，如黄鼠、旱獭和鼠兔生活在地下。䶄和兔在灌丛和森林大草原上奔跑。

乌克兰草原

潮湿的气候下，森林和草地混在一起。受农业活动的影响，这里的许多草地都消失了，幸存的洞穴是许多动物的家园，这里住着狍和草原蝰。

吉尔吉斯—哈萨克草原

世界上最大的干草原，也是旱獭、鼠兔、高鼻羚羊、沙狐以及草原鹞等许多鸟类的家园。

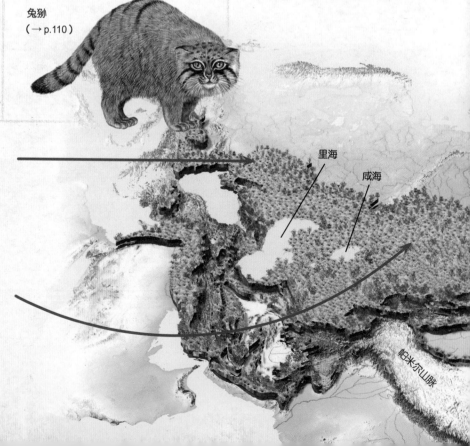

里海

咸海

帕米尔山脉

空中的鸟

金黄鹂
（→ p.139）

春天，许多鸟来到大草原，捕食春天大爆发的昆虫，这些鸟包括凤头百灵、苍头燕雀、椋鸟和金黄鹂等。大山雀和蓝胸佛法僧全年都在这里筑巢。

昆虫

沙漠蝗
（→ p.150）

对于大多数昆虫来说，草为它们提供了足够的庇护所，大草原是它们的家园，其中包括蚂蚁、锹甲和芫菁。春天的花朵吸引了成千上万的蜜蜂和蝴蝶，比如凤蝶。

食草哺乳动物

如今，欧洲野牛已经很少见了，但驼鹿从北方而来填补了空缺。每年冬天，黄羊都会从西藏高原迁徙下来。在高高的大草原上，北山羊、盘羊和石山羊驰骋山坡。

高鼻羚羊
（→ p.119）

杂食动物

这些大草原是野猪最后的据点之一，它们在广阔的土地上觅食，用鼻子挖地寻找球茎和块茎。野猪主要生活在森林草原里，那里的食物更多样。獾也生活在这里。

獾
（→ p.108）

青海—西藏高原

这片气候寒冷、地处偏远、不适合耕种的高山草原，是世界上为数不多的完整的大型生态系统之一。这里生活着大量的食草动物，如藏羚羊、藏原羚、盘羊和西藏野驴，还有一些稀有的食肉动物，如雪豹和猞猁。

东亚大草原

东亚的辽阔大草原是世界上最大的草原之一。大群的黄羊仍在这里游荡，还有一些鸟类，如大鸨和鸨鹋。在草沼和芦苇床上孕育着大群的东方白鹳和蓑羽鹤。

地栖鸟类

大草原上很少有可以用来筑巢的树，不过大鸨和鸨鸠都在草中筑巢，那里有充足的食物，比如昆虫、种子、根和嫩枝。白枕鹤、红鹳、鸨鹋、白头硬尾鸭以及许多其他动物聚集在湖边。

大鸨
（→ p.133）

爬行动物和两栖动物

啮齿类动物的洞穴经常被蝰蛇等爬行动物占据。短暂的春天里，池塘里满是蛙，比如中国林蛙，这种蛙到了炎热的夏天就会钻入地下。

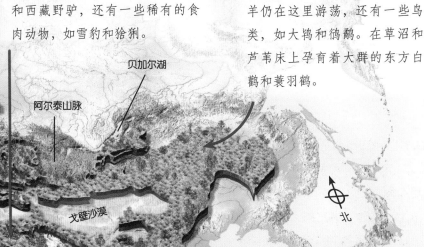

贝加尔湖

阿尔泰山脉

戈壁沙漠

北

奥地利滑蛇
（→ p.127）

以草为生

成群的大型植食动物是草原景观的一个显著特征，如高鼻羚羊和鹿，但人部分的草都是由看不见的嘴吃掉的。每天出现的无数小型穴居哺乳动物以草叶、嫩枝和嫩芽为食。这些小型哺乳动物主要是啮齿类动物，如旱獭、黄鼠和仓鼠，它们在草原生态系统中扮演着重要的角色。它们挖掘洞穴时，每年都会将数百万吨的新鲜土壤带到草原表面。反过来，这些小型哺乳动物也会受到捕食者的控制，比如艾鼬和鹰。

适应性：向下的鼻孔

为了适应从寒冷的冬季到炎热多尘的夏季的极端草原气候，高鼻羚羊不断演化。向下的鼻孔可以预热要进入肺部的冰冷空气，还可以滤掉夏天的灰尘。尽管适应性很强，但人类的干扰还是给它们的栖息地带来了死亡和疾病，高鼻羚羊已经濒临灭绝。

金色中仓鼠独自生活在自己挖掘的深达 2 米以上的洞穴里。它们对其他仓鼠攻击性很强，很少从洞中出来。它们取食种子、坚果和昆虫。

草原兔尾鼠有长长的防水毛皮，甚至盖住了它们的脚和耳朵，冬天偶尔出来觅食时也能保持温暖。

蓑羽鹤

夏季的清晨有时会看到蓑羽鹤在草沼和河流附近的地面上大步行走，用它们的喙啄食着种子和昆虫。它们会形成终身的伴侣，以优雅的求偶舞蹈而闻名，这种舞蹈可以加强双方之间的联系。全世界的蓑羽鹤数量仍然很多，但农业和狩猎活动降低了西部大草原上蓑羽鹤的数量。

赛加羚羊有一层厚而结实的外皮，可以保护它免受风吹雨打。

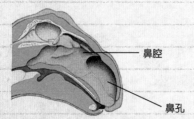

鼻腔

鼻孔

为了在食物稀缺时生存下来，原仓鼠会用频囊收集种子。然后将种子储存在洞穴里。到了夏末，储藏室里可能会有多达 10 公斤的食物。

地下生活

　　对于许多草原动物来说，地下是最安全的地方。在这里，它们不仅能躲避恶劣的天气，还能躲避大多数捕食者。啮齿类动物是草原上主要的穴居动物，但也有一些两栖动物和爬行动物，还有蚂蚁等大量的昆虫，以及蚯蚓和线虫。

地黄鼠是一种小型哺乳动物，与松鼠有亲缘关系，它们在土壤中挖掘深洞筑巢，主要以根、种子和叶子为食。

草原旱獭整个冬天都在洞穴深处冬眠。睡觉前，它们密集进食以增加体内脂肪，这样才能活过冬天。

夏季，草原兔尾鼠会临时挖掘30厘米的浅洞穴。冬天，它们生活在深达1米的永久性洞穴里。

鼹形田鼠的身体结构非常适合挖掘，它们用钝钝的口鼻、小耳朵和小眼睛克服沙子的困扰。挖掘的时候先用牙齿将泥土弄松，再用强壮的爪子把泥土推开。

帝王蛇蜥是没有腿的蜥蜴。受到攻击时，它们会把占身体2/3长度的尾巴分成几段脱落。捕食者会被蠕动的这几段搞糊涂，分不清哪个是身体。

泰加林和苔原

在北美洲和欧亚大陆的最北端，有一片广阔的泰加林几乎环绕了地球北部。俄语中称为"泰加林"，科学上也称之为"北方针叶林"，这片凉爽的深绿色森林是世界上最大的栖息地之一。它的北边是与北冰洋接壤的开阔无树的苔原，大片的草地、苔藓、泥沼和矮小的树木迎风生长。

无论在泰加林还是苔原，冬天都漫长而严酷。秋天雪下得很大，直到春天才会融化。漫长的冬夜里，气温会骤降到 -45℃。地表之下，即使是夏季，苔原的土壤也会永久冻结。

但令人惊讶的是，许多动物一年到头都生活在泰加林和苔原上，不仅有驯鹿这样庞大而身披厚衣的哺乳动物，也有山雀这种依赖常绿针叶树提供庇护和食物的小鸟。在短暂的夏季里，冰雪融化，白天变长，冬天的居民里也出现了一些从冬眠中苏醒或者从南方迁徙过来的不太顽强的生物，例如鸣禽和昆虫。

泰加林和苔原在哪儿？

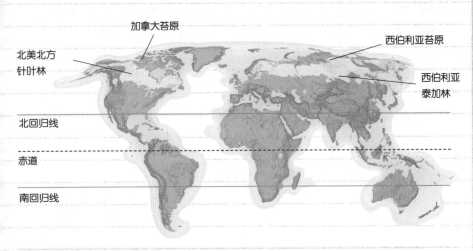

加拿大苔原

北美北方针叶林

西伯利亚苔原

西伯利亚泰加林

北回归线

赤道

南回归线

泰加林和苔原对比

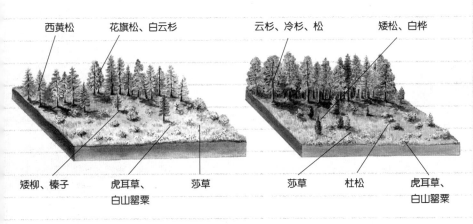

西黄松　花旗松、白云杉　　　云杉、冷杉、松　　矮松、白桦

矮柳、榛子　虎耳草、　莎草　　　莎草　　杜松　　虎耳草、
　　　　　　白山罂粟　　　　　　　　　　　　　　　白山罂粟

北美

在北方针叶林的南部，针叶树和落叶树混合在一起，如糖枫和北美山毛榉。再往北，森林里密密麻麻地生长着针叶树，如北美短叶松、胶冷杉和白云杉。与落叶树不同的是，这些北部森林中针叶树的树枝向下倾斜，这样雪很容易就会落下，而树枝不会被压断。在遥远的北方，朝向草地和苔原的部分，树木变得更稀疏贫瘠，那里唯一的树木是矮小的北极柳、矮云杉和矮榛子。泰加林和苔原都有泥沼和湖泊。

欧亚大陆

在北美，落叶枫、椴树和桦树生长在欧亚森林南部的松树旁。再往北，落叶树消失了。这里的冬天非常寒冷，只有几种树能存活下来，并在西伯利亚形成了一大片针叶树林，主要是落叶松，也有冷杉、云杉、松树，偶尔还有桦树和柳树。这是真正的泰加林，它覆盖了西伯利亚的大部分地区。往北是苔原，除了苔藓和地衣外，地面几乎没有什么东西，不过有些地方长着刺柏和矮柳。

泰加林和苔原环境

泰加林和苔原的气候非常恶劣。一年中有6个月平均气温在0℃以下。夏天常常是温暖的，但往往也是短暂的。

太阳和雨

平均气温在冰点附近徘徊，但是冬天气温会降到-40℃以下，夏天的气温会上升到40℃以上。

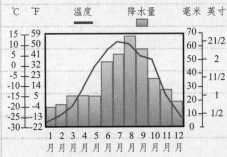

夏天的苔原

春天雪融化，苔原变得泥泞。但是，地上长满了青苔和青草，到处都是零零星星的野花。

冬天的泰加林

雪在泰加林里普遍存在，地面冻结使得树木很难吸收到水分。但针叶树的针叶不容易失水，因此能在树上保持绿色。

欧亚泰加林和苔原

从斯堪的纳维亚半岛一直延伸到西伯利亚的欧亚泰加林是世界上最大的森林，北面还有开阔的苔原。这里的冬天比地球上除南极外的任何地方都要冷。然而，很多生物都能在寒冷中生存，包括大型厚皮的哺乳动物。像鼬这样的小型哺乳动物则依靠挖掘洞穴来保暖，而狼等食肉动物则通过捕食猎物维持体温。

空中的鸟

松子和浆果可以让诸如山雀、鸫鹛、星鸦和交嘴雀等小鸟在泰加林中度过整个冬天。夏季急剧增多的昆虫和浆果吸引了来自南方的候鸟，如太平鸟和大斑啄木鸟。

松雀
(→ p.136)

爬行动物

很少有爬行动物能在寒冷的泰加林和苔原中生存，因为它们需要依靠温暖的太阳来获取能量。尽管如此，某些地区仍然存活着胎生蜥蜴、捷蜥蜴、蝰蛇和游蛇。

蛇蜥
(→ p.127)

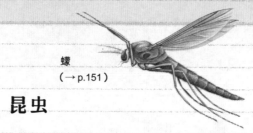

蜉
(→ p.151)

昆虫

春天，苔原融化的积雪形成的泥沼是冬眠昆虫的幼虫孵化的理想场所。夏天，成群结队的蚋和蚊从池塘里飞出来，折磨着被它们吸血的动物。

西方松鸡
(→ p.133)

地栖鸟类

在泰加林中，松鸡以森林地面上的松针和浆果为食。苔原上雪鸦在地面上啄食嫩芽和种子，它们还会钻入雪中躲避寒冷。

斯堪的纳维亚 —俄罗斯的泰加林

这里的许多森林都受到了伐木开采的威胁，但仍然是大量生物的家园，包括哺乳动物，如狼、熊和驯鹿，以及鸟类，如矛隼、鹗和北噪鸦。

狼獾
(→ p.123)

驯鹿
(→ p.110)

捕食性哺乳动物

虽然冬季植物性食物匮乏，但狼、熊等大型食肉动物和较小的鼬都有足够的猎物。狼可以成群狩猎，杀死比自己大得多的动物，比如驼鹿。

猛禽

即使在冬天，泰加林也有充足的猎物供许多猛禽捕食。黑鸢随处可见，苍鹰和雀鹰经常在树林中穿行，伏击鸟类。高空中的金雕搜寻地面上的小型哺乳动物，而鹗则潜入泰加林的湖中寻找鱼类。

雪鸮
(→ p.140)

食草动物和食叶动物

大型动物因为体形较大，可以应付寒冷冬天，泰加林有许多鹿——狍、梅花鹿、麝、马鹿和驼鹿，夏天它们来到苔原上繁殖，冬天则依靠从树苗上剥下的树皮为生。

科拉半岛苔原

只有最顽强的动物才能在这片荒凉的北方苔原上生存，北极熊、狼獾和北极狐在冬天捕猎，驯鹿和麋鹿在夏天养育它们的幼崽。

两栖动物

在泰加林的极端条件下，两栖动物和爬行动物都非常稀少。极北鲵能够通过在冻结状态下冬眠来度过冬天。春天随着气温升高，它们的身体组织开始解冻。

西西伯利亚泰加林

西西伯利亚几乎有一半是泥沼，这里的许多生物都依靠水来获取食物，包括水鼩、河狸、麝鼠和无数的水鸟，如鸭子和鹤。

黄条背蟾蜍
(→ p.131)

北

东北西伯利亚泰加林

这片广阔的森林有着世界上最寒冷的冬天，气温会下降到 -50℃。但是许多动物都可以忍受这种寒冷，例如驼鹿、熊、红松鼠和狼獾这样的哺乳动物，以及鸟类，如花尾榛鸡、鹗和金雕。

鄂霍次克海

喜马拉雅山脉

青藏高原

住在松树上

与阔叶树相比，依赖针叶树生活更为艰难。它们针状的叶子不仅坚硬锋利，而且叶子和木头里都含有一种油性树脂，动物很难消化。不过很多动物都已经找到以针叶树为食的方法：吃种子、嫩芽甚至树皮。为了充分利用针叶树，它们的进食习惯通常已经高度专一化。针叶树也为动物提供了可以躲避北方寒冷的场所。质量不足就用数量弥补——针叶林为那些喜爱它的动物提供了广阔的家园。

北噪鸦是杂食性鸟类，取食昆虫、蘑菇和浆果，依靠松子过冬，它们会用强壮的喙将种子挖出来。

雄性松雀

松雀很大程度上依靠松柏果实度过冬天和春天，它们取食松柏的针叶和嫩芽，同时也会从松果中取食种子。

棕熊

棕熊已经成为俄罗斯的国家象征，它们有着厚厚的皮毛和庞大的身躯，没有什么动物比它们更适应泰加林的冬天了。尽管熊吃的东西很多，但春天它们主要吃草，秋天吃水果和浆果。冬天食物匮乏，因此熊会在秋天将自己喂饱，然后退到山洞或洞穴中，在那里度过冬天的大部分时间。

和其他泰加林的鸟一样，星鸦有坚硬的喙，可以打开松果获取种子。星鸦有时会囤积种子以备不时之需。

适应性：贝加尔湖

贝加尔湖是世界上最深的湖，同时也是最古老的湖——由 2500 多万年前地球表面的一个深裂缝形成。再加上与世界其他地方的长期隔绝，这意味着贝加尔湖已经演化出了自己独特的生物种类，比如贝加尔白鲑和贝加尔海豹。贝加尔海豹是世界上唯一的淡水海豹，可能是 50 万年前滞留在这里的。

贝加尔湖有些地方的深度超过 1620 米。

湖中至少有 36 种鱼类，包括胎生贝湖鱼，这种鱼通常会直接生出幼鱼。

贝加尔湖拥有世界 1/5 的淡水。

人们猎杀黑貂以获取它们温暖的皮毛，这可是这些动物冬季在西伯利亚生存的必备之物。它们很会爬树，但主要在地面上捕食小型动物。

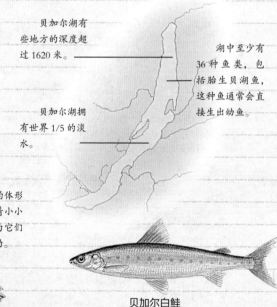

贝加尔海豹体形很小，并且有着小小的鳍状肢，因为它们不需要快速游动。

贝加尔海豹

贝加尔白鲑

长尾林鸮晚上睡在松树洞里，白天捕食日间活动的小型啮齿类动物。

红交嘴雀有独特交叉的喙，可以从云杉球果中拔出种子。白翅交嘴雀的喙较长，可以对付落叶松的球果。

红交嘴雀

鼯鼠在树洞里筑巢和栖息，吃松树的嫩芽和落叶。

雄性

雌性

西伯利亚山雀家庭

西伯利亚山雀

西伯利亚山雀和凤头山雀在松树洞中筑巢，靠吃树皮中冬眠的昆虫过冬。

普通秋沙鸭是一种飞行和游泳都很快的鸭子。它们在泰加林中的许多湖泊及河流中捕鱼，但通常在松树洞中筑巢。

鼯在树上吃种子和浆果，而黑足旅鼠则以苔藓、灯芯草、莎草、茎和树皮为食。

鹊鸭是一种在针叶树洞中筑巢的鸭子，当某些地区的树木被砍掉，它们也跟着遭殃。

花尾榛鸡是众多在森林地面上寻找松子的榛鸡之一。

西方松鸡有着很强的消化系统，冬天它们几乎可以完全依靠松针而存活。

北美泰加林和苔原

在北美，苔原以南蔓延着约 800 千米宽横跨加拿大和阿拉斯加的北方针叶林。这是一片广袤而几乎不受干扰的荒原，冬天寒冷刺骨。遥远的西北部，大群驯鹿在春天向北迁徙到夏季的苔原繁殖地，而森林是许多小型哺乳动物、鸟类和昆虫的家园。

阿拉斯加北海岸

这片平原以每年夏天大量到这里繁育后代的驯鹿群而闻名。

布鲁克斯山脉

喀斯喀特山脉

北美灰松鼠
（→ p.121）

捕食性哺乳动物

捕食性哺乳动物凭借温暖的皮毛和猎物提供的食物来维持体温，已经做好了过冬的准备，尽管它们常常要走很远才能找到猎物。除了猞猁和狼，这里还有很多鼬科动物，例如貂。

小型哺乳动物

球果种子、树皮和嫩芽供养了许多在树洞或洞穴中冬眠越冬的啮齿类动物，例如东美花鼠和拉布拉多白足鼠。美洲兔夏天吃草，冬天吃松树芽。

西北部泰加林

水獭、河狸、驼鹿、狼和熊等许多动物都在西北部的山林里安家。

美洲貂
（→ p.116）

棕熊
（→ p.109）

爬行动物

爬行动物没有热量就不能活动，所以很少能生活在北方针叶林，苔原上更是一种都没有。龟在结了冰的池塘里过冬；东部带蛇在地下睡觉。

杂食动物

森林中稀疏的灌木几乎无法为觅食者提供食物。即便如此，这里的浣熊为了找到食物，几乎什么都吃。此外，这里还有豪猪，它们夏天爬树寻找新鲜嫩枝，冬天则靠柔软的树皮和针叶存活。

空中的鸟

夏天，林柳莺和其他鸟类，如鸫和蜡嘴雀，以昆虫和浆果为食。山雀等其余鸟类则靠着蓬松的羽毛和拼命地吃种子度过冬天。

木雕龟
（→ p.128）

黑顶山雀
（→ p.133）

努勒维特苔原

因为缺少植物而被称为寒冷沙漠的努勒维特苔原上仍然有丰富的野生动物。北极熊和北极狐在冰上捕猎，而成群的麝牛、驯鹿和驼鹿在吃草。

两栖动物

尽管两栖动物很难适应北方冬天的寒冷，但在泰加林的湖泊和苔原泥沼中，许多蛙类因为足够顽强而生存下来，包括小型北方拟蝗蛙和在水下冬眠的小貂蛙。

豹蛙
(→ p.130)

昆虫

针叶树的叶子很难下咽，而且树木会渗出黏稠的树脂粘住昆虫。尽管如此，仍有许多昆虫在森林里茁壮成长，包括舞毒蛾和木蜂。舞毒蛾幼虫吃针叶，木蜂幼虫会钻入木头中。

大蚊
(→ p.148)

哈得孙湾

苏必利尔湖

食草哺乳动物和食叶动物

驯鹿和驼鹿是大型鹿，夏天它们冒险北上到开放的苔原，冬天再退回森林里。即便不像有着长毛的麝牛那样强壮，但它们依然一年四季勇敢地面对北方苔原。

驼鹿
(→ p.117)

加拿大中部泰加林

这是世界上最后的大型野生动物避难所之一，栖息着无数的动物，包括驼鹿、驯鹿、黑熊、狼、猞猁、麝鼠、美洲兔等。

猛禽

猛禽以肉为食，可以熬过寒冬。北方针叶林是猫头鹰的家园，这里有美洲雕鸮和雪鸮，也是许多鹰的家，例如白头海雕、金雕和红尾鵟。鹗在森林湖泊和河流里捕鱼。

鹗
(→ p.139)

北

河狸的家

像草原犬鼠一样，河狸也是啮齿类动物，它们体长不到 1 米，比小狗大不了多少。尽管体形不大，它们对北方针叶林环境的影响却可能比任何其他生物都大，是一种对其他物种的生活有着重要影响的生物，被动物学家称为"基石物种"。河狸啃倒树木，用原木筑坝阻挡溪流并形成湖泊，避免自己受到攻击。它们对环境的改变对于其他哺乳动物、鸟类、爬行动物、鱼类和昆虫都有着至关重要的作用。

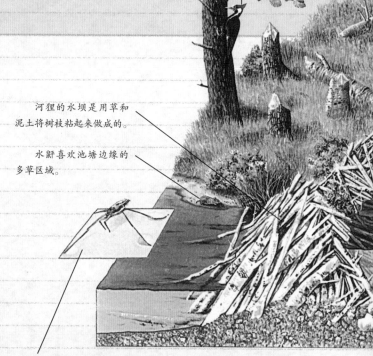

木蠹蛾幼虫进入朽木和原木。

啄木鸟喜欢在裸露木头里的昆虫。

河狸的水坝是用草和泥土将树枝粘起来做成的。

水鼩喜欢池塘边缘的多草区域。

水黾掠过平静的湖面。

适应性：球果食用者

所有啮齿类动物都有用来咬碎坚果的锋利坚硬的门牙，但是针叶树即便对啮齿类动物来说也是个难题。大多数针叶树的种子深藏在木质的球果中，被坚硬的鳞片保护着。球果新长出来的时候，鳞片是张开的，不过一旦种子受精，鳞片就会闭合，使得种子很难被吃掉。松鼠善于从球果中寻找种子，它们会储存大量的球果度过冬天。

球果里的可食用种子被坚硬的木质鳞片保护着。

花旗松球果

红松鼠

松鼠有锋利的门牙可以咬穿球果。

金背黄鼠

灵活的双手使松鼠能够转动坚果和球果，以找到最佳的啃咬角度。

伐木和筑坝

河狸对森林的影响有两种方式。第一，它们用牙齿啃树，既用作筑坝用的树枝，又以树皮和树叶为食。因为河狸喜欢伐木，例如柳树和山杨树，砍完树会产生空地，使其他树木有机会茁壮成长。第二，它们筑坝阻挡溪流时，会在坝后形成大面积深且平静的水域，而且沿岸还会形成新的湿地。

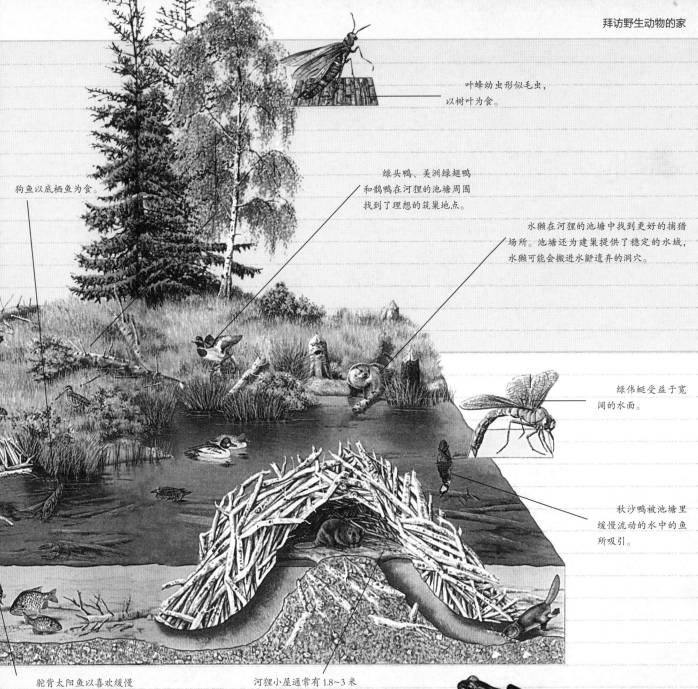

叶蜂幼虫形似毛虫，以树叶为食。

狗鱼以底栖鱼为食。

绿头鸭、美洲绿翅鸭和鹊鸭在河狸的池塘周围找到了理想的筑巢地点。

水獭在河狸的池塘中找到更好的捕猎场所。池塘还为建巢提供了稳定的水域，水獭可能会搬进水鼩遗弃的洞穴。

绿伟蜓受益于宽阔的水面。

秋沙鸭被池塘里缓慢流动的水中的鱼所吸引。

驼背太阳鱼以喜欢缓慢水流的底栖昆虫为食。

河狸小屋通常有 1.8~3 米宽，但可能达到 6 米长。

青铜蛙和其他蛙类得益于湿地沿岸。

龙虱寻找新鲜猎物，比如蝌蚪和小鱼。

豉甲以落在宽阔池塘表面的昆虫为食。

加拿大河狸

河狸有着蹼状足和桨一样的尾巴，非常适合在水中生活，将鼻子和眼睛闭合后，可以在水下停留 15 分钟以上。它们也是杰出的工程师，一旦湖边的树全被啃倒，就会开掘水道从更远的地方运来原木。

它们贴在小屋和大坝上的泥在冬天会冻成混凝土似的，形成非常坚固的结构。它们还用泥土修筑小屋内部，这样即使入口处在水下，巢里的幼崽也能保持干净且干燥，甚至还会做通风道。

湿地

　　从除了风声和令人难忘的鸻鹬叫声之外，什么声音都听不到的北欧荒凉草沼，到充满动物的噪声、茂盛而潮湿的南亚红树林沼泽，湿地的多样性千差万别。

　　湿地既不全是水，也不全是陆地。木沼里水很多，陆地则较少。草沼中水少些，陆地较多。泥沼中基本上是浸过水的陆地。水和土地的平衡是不断变化的，洪水淹没了一些干旱区域，而旱灾使其他地区更加干旱。

　　湿地所占面积不到世界陆地面积的 6%，然而它们对野生动物的重要性与它们的面积形成鲜明对比。湿地里充满了植物、鱼类和鸟类。一些地区的湿地已经干涸，但由于难以进行商业开发，它们已经成为世界上很多最濒危动物的无价避难所。

湿地对比

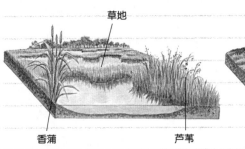

草地　　　　草地　　　　泥炭藓

香蒲　　　　芦苇　　茅膏菜　　猪笼草

草沼

草沼既可以是淡水，也可以是咸水。淡水草沼通常形成于河流湖泊淹没的低洼地带。常常有一片片的草地、芦苇和香蒲，还有一滩滩的静水。

泥沼

泥沼形成于较冷的地区，雨水落在松软的海绵状地面上，但不会彻底流干。通常只有泥炭藓生长在潮湿的酸性土壤上，有机物不会腐烂，而是以泥炭的形式堆积。

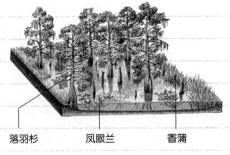

落羽杉　　　凤眼兰　　　香蒲　　　　气根　　　红树林

木沼

木沼既可以是淡水，也可以是咸水。它们比草沼要更潮湿，一年中的大部分时间都有池塘和水湾。不同于长着草和芦苇的草沼，木沼里的主要植物是树木。

红树林沼泽

红树林沼泽形成于热带海岸的咸水中。红树林在纯净的沙土中扎根，逐渐向水中延伸，扩大了陆地面积。

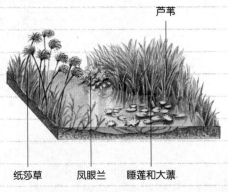

芦苇

纸莎草　　凤眼兰　　睡莲和大藻

热带草沼

"热带草沼"一词指的是热带地区没有树木的沼泽，比如非洲的奥卡万戈沼泽。它们形成于内陆地区，那里的河流会季节性淹没大片排水不畅的区域，但是雨水太少所以树木无法生长。高大的纸莎草、芦苇和其他水生植物会阻塞蜿蜒的河道。

湿地环境

湿地之所以能够保持湿润，是因为有水源源不断地流进来。即使在寒冷的地区，如果不补充水，它们最终也会干涸。北方的泥沼因为积雪融化而保持湿润。热带草沼里充满了季节性河流。

爱沙尼亚的泥沼

世界上最大的湿地位于欧亚大陆北部和北美的寒冷苔原上。每年春天积雪融化时，地面上的每一个洞都浸满了水。

草沼的冬天

湿地空气非常潮湿，意味着它们经常被薄雾笼罩。冬天较冷的草沼里，夜晚空气很快会变冷。到了早晨，空气中的水分便会凝结成挥之不去的薄雾。

芦苇床

很少有植物的根和茎能在水下存活，不过也有少数植物可以做到。它们生长在世界各地的湿地里，如高大的芦苇和微小的浮萍。浅水处生长着莎草和灯心草。

北美湿地

人类活动已经破坏了北美一半的天然湿地，每年还会有芝加哥般大小的区域消失。但是在这块大陆上仍然有大片的湿地——从加拿大北部的大片泥沼，到佛罗里达和乔治亚州的奥克弗诺基木沼及佛罗里达大沼泽地。在这片珍贵的水域里，生存着大量的蛇、蛙、龟、河狸和水獭。

阿拉斯加的泥沼

阿拉斯加有大面积的湿地，几乎占了半个州。

旧金山湾

盐沼是稀有物种的家园，包括盐沼禾鼠和里氏秧鸡。

三锯拟蝗蛙
（→ p.131）

两栖动物

湿地是两栖动物的理想栖息地。许多蛙、蟾蜍和蝾螈在草沼和临时的池塘里繁殖，成年后在岸上捕食。泥沼是半趾蟾和匠蛙的家园。

猛禽

大型猛禽如白头海雕和鹗飞越草沼，搜寻要抓的鱼。灰背隼和北鹞搜寻陆地上的猎物，例如老鼠和蛙。大蓝鹭涉水而过，用它们的长喙捕鱼。

白腹鱼狗
（→ p.138）

成虫

昆虫

成虫很少生活在水下，但是蜉蝣、石蛾、蚊子、蜻蜓和豆娘的幼体在水中发育，它们用鱼一样的鳃呼吸，然后离开水面变为成虫。

水禽

很多鸭子、雁及其他水禽在湿地中繁殖和觅食。绿头鸭等河鸭倒插入浅水里，从泥中滤食小动物。雁在岸边的草地上吃草。

静水淡水鱼

鱼类的淡水栖息地变化很大，从芦苇丛生的浅滩到清澈的深水都有。驼背太阳鱼生活在海岸附近的植被中。大口黑鲈和大眼梭鲈生活在较深的水域。

龙虱
（→ p.146）

幼虫

斑嘴巨䴙䴘
（→ p.136）

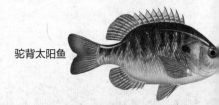

驼背太阳鱼

落基山脉

马德雷山脉

格兰德河

爬行动物
鳄龟
(→ p.128)

哈得孙湾泥沼

这里是世界上最大的湿地之一，以驯鹿、渔貂、水貂和美洲兔而闻名。

北美湿地是许多蛇类和各种淡水龟的家园，例如带蛇、牟氏水龟和箱龟。几乎所有的龟类都濒临灭绝，部分原因是因为它们在陆地上移动时会被车撞到。

麝鼠
(→ p.117)

草原洼池湿地

每年春天出现，是 100 多种鸟类和许多稀有蛙类的家园。

水生哺乳动物

许多哺乳动物生活在寒冷潮湿的草沼里。大多数动物是植食性啮齿类动物，如欧旅鼠、水鼾和河狸，也有食肉动物，如水貂和水獭。

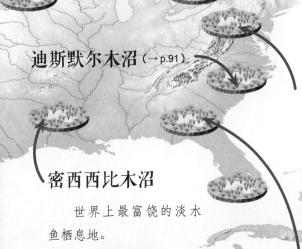

哈得孙湾

大湖草沼

这个鸟类家园非常值得关注，不仅住着鸭和鹭之类的水禽，也是鸣禽和鹰类的栖息地。

迪斯默尔木沼 (→ p.91)

切萨皮克湾

这片广阔的溪流和草沼是哺乳动物的家园，例如麝鼠和浣熊，同时也是鸟类的家园，例如鹭和鹮。

河鱼

河水的流速可快可慢，温度变化很大。美洲红点鲑和杜父鱼生活在冰冷湍急的溪流中。匙吻鲟更喜欢温暖、水流缓慢的河流。

密西西比木沼

世界上最富饶的淡水鱼栖息地。

墨西哥湾

匙吻鲟

佛罗里达木沼

除了佛罗里达大沼泽地外，佛罗里达州还有奥克弗诺基木沼。这里栖息着 200 多种鸟类、50 多种哺乳动物、近 70 种爬行动物和近 40 种两栖动物，其中包括沙龟。

美洲金鸻
(→ p.141)

涉禽

涉禽在湿地的泥中找到了丰富的食物。每年秋天，无数的涉禽从北极飞到美国的草沼中过冬——黑颈长脚鹬、反嘴鹬和其他鸻鹬。

北

湿地生存

湿地就像一个生物超市，为野生动物提供了大量的食物。海量的微型藻类和大型植物在这里茁壮成长。死去植物的叶和茎在水中分解，变成碎屑。在河流中，碎屑会被冲走，但在湿地中，碎屑会沉积起来，为动植物提供丰富的食物。无数的小型水生昆虫、它们的幼体、甲壳类动物和其他鱼类都以碎屑和活的植物为食，反过来，它们又成为较大动物的食物。

水獭的主要猎物是白天捉到的鱼，但是它们也吃蛙、螯虾、蛇和昆虫。

湿地食物链

湿地食物链的底层生存着像蜉蝣幼虫这样的小生物，它们以水底的碎屑为食，反过来又为自由行动的生物提供食物，例如蜻蜓和豆娘稚虫。湿地中所有生物都受益于这些大量的微小生物，无论是像鸭子一样直接取食这些微小生物，还是以取食它们的生物为食。

豆娘捕食小昆虫，例如石蛾和昆虫幼虫。

划蝽在水面滑行，以藻类和芦苇为食。

绿头鸭以藻类为食，也吃底栖昆虫的幼虫。

鲤科小鱼以藻类和昆虫为食，如石蛾和划蝽。

太阳鱼以藻类为食。

螯虾吃死昆虫和鱼。

适应性：从稚虫到成虫

蜻蜓和豆娘有着非同寻常的生活史，非常适合它们作为水生捕食者的生活。它们将卵产在水生植物上，孵化出稚虫。稚虫没有翅，生活在水下，通过捕食昆虫、蝌蚪和小鱼而逐渐长大。最终，两年或更长时间之后，稚虫就会离开水面变为有翅成虫。

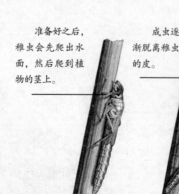

准备好之后，稚虫会先爬出水面，然后爬到植物的茎上。

成虫逐渐脱离稚虫的皮。

最后，成虫从稚虫的皮中完全蜕出，将其留在身后。

翅逐渐变硬，成虫体色也发生改变。

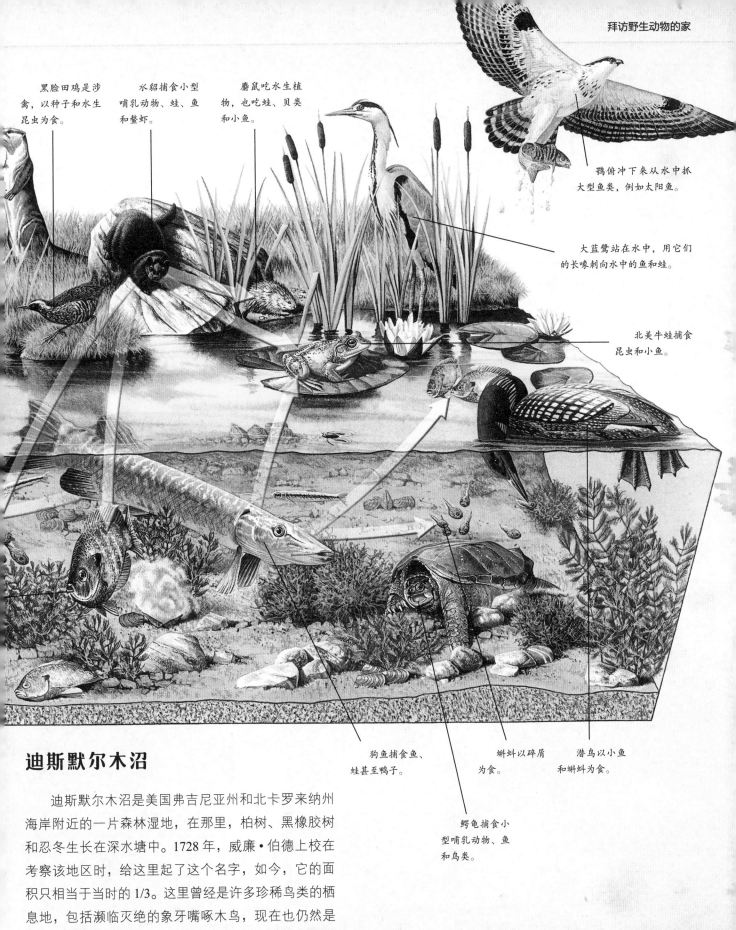

黑脸田鸡是涉禽，以种子和水生昆虫为食。

水貂捕食小型哺乳动物、蛙、鱼和鳌虾。

麝鼠吃水生植物，也吃蛙、贝类和小鱼。

鹗俯冲下来从水中抓大型鱼类，例如太阳鱼。

大蓝鹭站在水中，用它们的长喙刺向水中的鱼和蛙。

北美牛蛙捕食昆虫和小鱼。

狗鱼捕食鱼、蛙甚至鸭子。

蝌蚪以碎屑为食。

潜鸟以小鱼和蝌蚪为食。

鳄龟捕食小型哺乳动物、鱼和鸟类。

迪斯默尔木沼

　　迪斯默尔木沼是美国弗吉尼亚州和北卡罗来纳州海岸附近的一片森林湿地，在那里，柏树、黑橡胶树和忍冬生长在深水塘中。1728 年，威廉·伯德上校在考察该地区时，给这里起了这个名字，如今，它的面积只相当于当时的 1/3。这里曾经是许多珍稀鸟类的栖息地，包括濒临灭绝的象牙嘴啄木鸟，现在也仍然是重要的野生动物保护区，是鹿、浣熊、熊和负鼠的家园。

欧洲的湿地

几个世纪以来，因为草沼和泥沼被开垦出来用于农业和建筑业，欧洲失去了很多湿地。但是在这个人口密集、高度发达的地区，重要的湿地野生动物保护区仍然占世界的 1/5 以上。这里是成群的越冬鸟类、无数的青蛙和蟾蜍、许多水生啮齿类动物以及数量惊人的无脊椎动物的栖息地。

春蜓
(→ p.148)

昆虫

草沼和泥沼是昆虫的繁殖地。一些石蛾、蜉蝣和蜻蜓在水下的时候还是幼体，到水面以上就成了成虫。划蝽在水面捕猎，龙虱和潜蝽在水下捕食。

淡水鱼

在水流平缓的低地河流和小溪中生活着丰富的植物和昆虫，是大量的鲢鱼、欧白鱼、鲤鱼、拟鲤和欧鳊的食物。雅罗鱼和鲃会在湍急的河水中捕食昆虫，鳟鱼、鲑鱼和小型鲤科鱼类在高地溪流中常见。

欧鳊

林蛙
(→ p.129)

两栖动物

两栖动物已经很好地适应了大部分湿地栖息地，它们以蝌蚪的形态生活在水中，成年后生活在陆地上。蝾螈大部分时间生活在水中，例如普通欧螈和掌欧螈。像巨大的湖蛙和大蟾蜍等蛙类则更多地生活在陆地上。

游蛇
(→ p.127)

爬行动物

北部的草沼对于爬行动物来说实在是太冷了，游蛇和欧洲泽龟等一些生活在水里的除外。许多蛇和蜥蜴生活在较暖的南部干燥地面上。

卡马尔格

虽然数量减少了很多，但卡马尔格著名的野马群和牛群依然存在，而且这里还是红鹳、鹭、夜鹭以及许多其他鸟类的宝贵避难所。

水禽

草沼依靠其纵横交错的小溪以及缓和的水岸为水鸟提供了理想的栖息地。雪雁和白额雁在岸边吃草，浮水的鸭子和潜水的潜鸭喜欢在水中觅食。

多尼亚纳

这片有着草沼、荒地和沙丘的令人难忘的荒野，是 200 多种鸟类的家园和两种濒临灭绝物种——西班牙雕和伊比利亚猞猁的避难所。

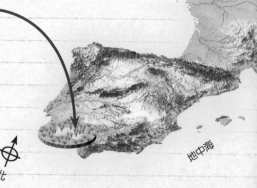

地中海

黑水鸡
(→ p.139)

北

水生哺乳动物

草沼中大量的植物以及周围的昆虫吸引了许多小型哺乳动物，包括褐家鼠、鼩、水鼩、麝鼠以及水駍鼱。捕食者在岸边漫步，例如赤狐和欧林猫。

水獭
（→ p.117）

涉禽

湿地是许多长腿鸟类的家园，它们涉水捕食鱼和蛙，例如鹤、鹭和苇鸭。冬天，成群的小型涉禽沿着海岸行走，用长长的喙在泥中寻找食物，包括杓鹬、膝鹬、麦鸡和鸻鹬。

欧亚鵟
（→ p.133）

猛禽

当猛禽向下俯冲时，小动物会迅速潜入水中，湿地见证了这样持续不断斗智斗勇的战斗。鼩类是乌灰鹞和毛脚鵟的食物，小型鸟是白尾鹞的猎物，冬天则成为灰背隼的猎物。

静水淡水鱼

湖泊、池塘和静水河湾是丁鱥等鱼类的家园，它们在水底缓慢游动，捕食小型生物。狗鱼也生活在这里，它们在芦苇中伏击猎物，如欧白鱼和赤睛鱼。

大白鹭
（→ p.135）

狗鱼

普里佩特河草沼

乌克兰—白俄罗斯边境仍然是欧洲最大的草沼地之一，这里是驼鹿、野猪、猞猁、河狸以及许多其他哺乳动物和鸟类的家园，例如黑琴鸡、花尾榛鸡、黄鹂、啄木鸟、鸻、青山雀，以及各种鸭子。

多瑙河三角洲

这一地区是由溪流、湖泊和草沼组成的迷宫，是多种蛙类、300 多种鸟类（包括鹈鹕、西方秧鸡、鸬鹚和燕鸻）和无数鱼类（例如鲟鱼、鳗鱼和犁腹棱鲱）的家园。

伏尔加河三角洲

这是一个由溪流和湖泊组成的巨大湿地，是数百万候鸟的觅食地，例如天鹅、鹭和鹮，还有更稀有的物种，例如大白鹭和攀雀。

波罗的海

喀尔巴阡山脉

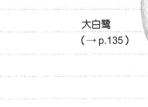

亚得里亚海

多瑙河

黑海

高加索山脉

伏尔加河

乌拉尔山脉

潮湿的家

欧洲的湿地是世界上最重要的鸟类栖息地之一，没有哪种生物能像它们一样利用水与土的混合环境和应对频繁的洪水。虽然湿地环境差异很大，但大量的游禽和涉禽在此安家。还有很多迁徙中的鸟也在这里找到了安全的休息地。湿地栖息地的构成似乎看起来都是一样的，但是每只鸟都有自己的生态位，会利用栖息地中某一特点，选择自己独特的筑巢点。

适应性：泥巴嘴

鸻鹬沿着岸边行走，它们用长长的喙在泥和沙子里寻找食物。每种鸟喙的长度和形状都略有不同，这样它们就可以吃到不同的食物，而不需要互相竞争。比如长着短喙在水面附近觅食的鸻，还有着长喙在深处寻找沙蠋等猎物的滕鹬。

斑尾滕鹬会在深处挖掘寻找小螃蟹、虾、沙蚤、昆虫和沙蠋。

麦鸡在地表下较浅的地方寻找很多种昆虫幼虫和蚯蚓。

剑鸻以水面附近的小虾、蜗牛、蚯蚓和昆虫为食。

鹀会在干燥长满草的地上筑杯状的巢。

鹀会在莎草丛中用芦苇筑一个巨大的圆盘状的巢。

红脚鹬用草和莎草在海岸线的草地上筑杯状的巢。

秧鸡在长满草的海岸上，用草和莎草编织成一簇厚厚的杯状巢。

反嘴鹬在岛上的空旷凹坑中休息。

赤膀鸭发现了一个被岛上的植物隐藏起来的凹坑，并在上面铺上鸭绒和树叶。

潜鸭在岛上挖出一个浅杯状区域并用草铺在上面。

琵嘴鸭在岛上寻找浅盘子状的区域，用草、羽毛和羽绒将其填满来取暖。

黑尾滕鹬寻找小岛上隐藏在草里的凹坑筑巢。

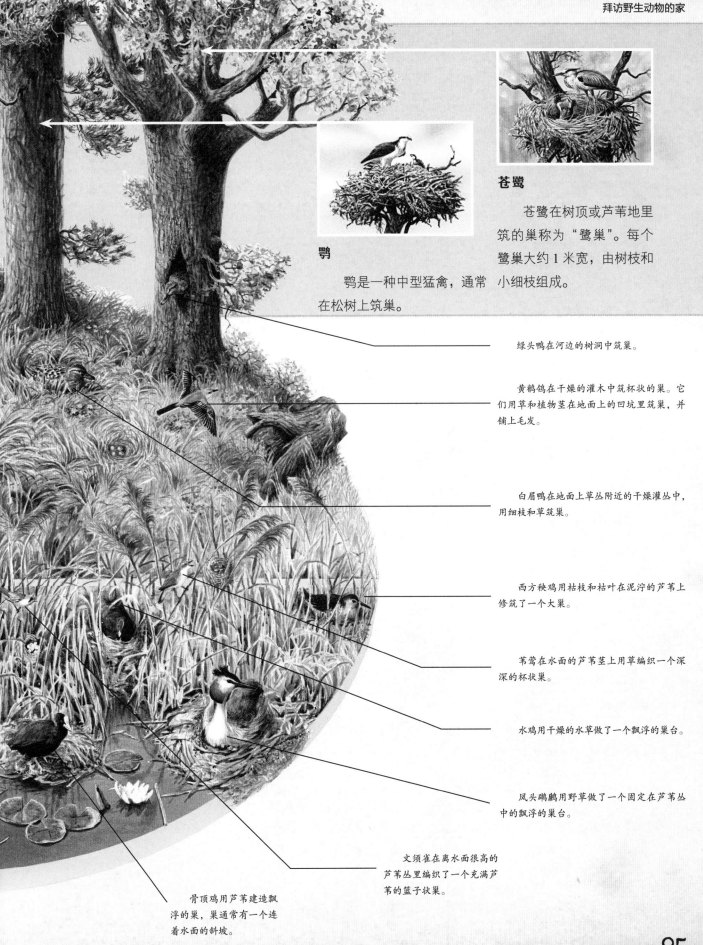

鹗

鹗是一种中型猛禽，通常在松树上筑巢。

苍鹭

苍鹭在树顶或芦苇地里筑的巢称为"鹭巢"。每个鹭巢大约 1 米宽，由树枝和小细枝组成。

绿头鸭在河边的树洞中筑巢。

黄鹡鸰在干燥的灌木中筑杯状的巢。它们用草和植物茎在地面上的凹坑里筑巢，并铺上毛发。

白眉鸭在地面上草丛附近的干燥灌丛中，用细枝和草筑巢。

西方秧鸡用枯枝和枯叶在泥泞的芦苇上修筑了一个大巢。

苇莺在水面的芦苇茎上用草编织一个深深的杯状巢。

水鸡用干燥的水草做了一个飘浮的巢台。

凤头䴙䴘用野草做了一个固定在芦苇丛中的飘浮的巢台。

文须雀在离水面很高的芦苇丛里编织了一个充满芦苇的篮子状巢。

骨顶鸡用芦苇建造飘浮的巢，巢通常有一个连着水面的斜坡。

非洲的湿地

非洲拥有丰富的湿地。超过 4% 的地区被永久湿地覆盖，大雨之后，很多大片区域会变成木沼。许多动物生活在这些木沼地区的边缘，而无数的鸟类、爬行动物和昆虫则生活在这些湿地的深处。

尼日尔三角洲

尼日尔三角洲的红树林沼泽是倭河马、海牛、水獭和 150 多种鱼类的家园。

刚果河

坦噶尼喀湖

马拉维（尼亚萨）湖

北

蟌
（→ p.148）

奥卡万戈三角洲

这是世界上最重要的动物栖息地之一（→ p.98~99）。

昆虫及其他

木沼昆虫中最壮观的是巨大的、五颜六色的蜻蜓。温暖的水和茂密的植被吸引了软体动物和蠕虫，包括沼泽蚯蚓，它有一根呼吸管，身在泥浆也能呼吸到空气。

红鹳
（→ p.135）

涉禽

大群的涉禽构成了非洲湿地和湖泊最壮观的景象之一。成群的大型涉禽在滩涂上行走，以鱼、蛙和螺为食，如夜鹭、埃及圣鹮、鲸头鹳、琵鹭、白鹭、秃鹳和锤头鹳。

鱼

非洲木沼是无数鱼类的家园，其中有很多是巨型鱼类。奥卡万戈有 100 多种鱼类，包括鲇鱼、鳡脂鲤和非洲肺鱼。尼罗河木沼里生活着世界上最大的淡水鱼之一——尼罗尖吻鲈，它身长 1.8 米，体重 130 公斤。

捕食性哺乳动物

狮子和鬣狗，偶尔还有野犬和猎豹，会在木沼周围的树林中漫步。有时候，豹和一种较小的被称为"狞猫"的猫科动物会在夜间徘徊。然而，它们之中很少有敢于直接进入木沼的。

狞猫
（→ p.110）

非洲肺鱼

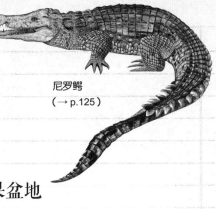

尼罗鳄
（→ p.125）

乍得湖

这是撒哈拉沙漠边缘一片万众瞩目的湿地，数以百万计的鸟类在这里生活或停留，例如埃及圣鹮和琵鹭。

刚果盆地

刚果大约有 700 种鱼类，被洪水淹没的森林是许多独特动物的家园，例如水獭、刚果小爪水獭和鲁氏小獭鼩。

爬行动物和两栖动物

非洲木沼对于爬行动物来说足够温暖，生活着包括像巨蜥这样的蜥蜴，以及像多鳞游蛇和背斑花条蛇这样的蛇类。土地和水的组合也吸引了蛙类，例如纳塔尔穴蟾蛙和非洲树蛙。

红隼
（→ p.137）

苏德沼泽

每年苏丹南部的大片区域都被洪水淹没，形成了苏德沼泽，为大量的候鸟和哺乳动物提供了水和食物，例如羚羊、驴羚、肯尼亚水羚和黄羊。

猛禽

丰富的鱼类使湿地成为猛禽的天堂，如各种海雕，横斑鱼鸮则利用惊人的夜视能力捕捉猎物。乌雕等其他猛禽也能在这里找到很多猎物。

东非红树林

红树林根部生活着不少动物，例如儒艮、海龟以及很多鱼。

凤头䴙䴘
（→ p.136）

空中的鸟

大量的鸟类会到访非洲湿地。仅奥卡万戈三角洲就有近 500 种鸟，不仅有像鹈鹕和棉凫这样的水鸟，还有被吸引来的林鸟，例如蜂虎、响蜜䴕和伯劳。

食草哺乳动物

在一年中的某些时候，大量的食草哺乳动物从周围的热带稀树草原迁徙过来享用水和茂盛的牧场，例如扭角林羚、黑斑羚和水牛。有些羚羊，像水羚和驴羚适应了一年四季都在湿地中的生活。

河马
（→ p.113）

大型哺乳动物

许多大型哺乳动物会根据水位的季节性波动而进出木沼。即便木沼周围的草原处在旱季，山区的洪水仍可能使木沼扩张。成群的大象、长颈鹿和犀牛生活在木沼中。

黑斑羚
（→ p.114）

河马的世界

博茨瓦纳的奥卡万戈三角洲的面积超过 1.3 万平方千米，是世界上最大的木沼之一，蜿蜒的河道、纸莎草环绕的潟湖和开阔的草原构成了一片平静而广阔的区域。三角洲的范围全年都在变化，在雨季和雨水到达安哥拉奥卡万戈河时达到顶峰。较大的动物，如非洲象，随着三角洲的变化而来来去去，但这里一年四季都有大量的野生动物活动：有超过 400 种鸟类，还有很多哺乳动物，从狮子到大婴猴都有。但是却有一种特别的动物是这里的王者——河马，它们在木沼生活中扮演着重要的角色。

适应性：沼泽的脚

木沼中很多区域的地表非常松软，而且通常只生长着一些浸水的植被。为了安全通过这些地方，一些木沼动物演化出了可以分散体重的大脚掌。林羚和驴羚长着分叉的蹄子，有利于它们在泥沼地上行走，而水雉有着修长而张开的脚趾，可以行走在睡莲上。

水雉

脚趾向外张开，以分散鸟的体重，可能会同时踩在几片叶子上。

林羚

张开的蹄子非常适合在木沼里行走，但是在坚实的地面上林羚却显得很笨拙。

河马经常在泥里打滚来对付叮咬的昆虫，而打滚可以翻起对其他水生生物有利的营养物质。

鞍嘴鹳以田螺为食，而田螺则以因河马粪便的养分而肥美的水生植物为食。

大多数河马出生在水下，所以为了能到水面呼吸第一口空气，它们从出生就必须会游泳。河马天生就会浮水，还能沿着河底优雅地高速奔驰。

河马

河马是体形巨大的动物，雄性体重可达 3.2 吨。由于皮肤敏感，它们白天半潜入水中，晚上以草为食。河马曾经生活在非洲南部的大部分地区，但现在，它们被限制在很小的范围内。

当河马站在水里时，它们会拉出大量的粪便。粪便使水变得肥沃，这为植物和微生物提供了重要的营养，小型鱼类因此获益，进一步又成为更大的鱼类、爬行动物和鸟类的食物。

黄昏时分，河马从水里爬出来吃草，一晚上要吃掉36~45公斤的草。当它们在灌丛中寻找自己喜爱的小草时，蹚出来的小路为其他动物提供了通往水边的捷径。河马的啃食会刺激草生长，防止地面被灌木和树木占领。

河马白天在水里休息，保持皮肤凉爽以防止被太阳晒伤。阴天时，它们常常离开水，来到岸上晾晒身体。河马的皮肤会产生一种特殊的液体，可以起到防晒的作用。

河马通常待在水里，鼻孔、眼睛和耳朵都露在水面上。通过闭合鼻孔和降低心率，它们可以完全潜入水中达半个小时之久。

由于体形庞大，河马爬出水时可以毫不费力地踩倒一片片的纸莎草，这也为鳄鱼在芦苇中筑巢提供了广阔的空间。

当雄性河马打哈欠时，它可能是在展示自己巨大的犬齿以吓跑入侵者。偶尔雄性也会打斗，并试图撕咬对方。

河马主要以草为食，但它们有时也会吃大藻，因此有助于使水体保持清洁。水面上的睡莲和大藻生长得很茂密，远看就像一片草坪一样。穿过木沼时，河马会冲破植被，形成新的水道或湖泊。

对锤头鹳来说，河马宽阔的背部是完美的进食点，它们会在黎明和黄昏时分寻找水中的鱼类、两栖动物和甲壳类动物。

山脉和极地

　　山脉和极地是世界上最寒冷、最极端的环境。极地的中心地带和最高的山峰都非常寒冷，因此永远覆盖着积雪。它们也时常变得云雾缭绕，或者受到狂风和暴风雪的摧残。

　　在热带爬山就好比是一次从赤道到两极的旅程。每上升 200 米，气温就下降 1℃，植被从热带森林转变到混合的温带森林和针叶林，再到高山苔原，最后变为积雪山顶。

　　一些动物生活在冰雪覆盖的极点或山峰附近，例如北极的北极熊和喜马拉雅山脉的牦牛。但大多数极地和山地野生动物都能在季节性变化的寒冷苔原附近以及针叶林深处找到生存之地。

山脉和极地在哪里?

阿尔卑斯山脉

阿尔卑斯山脉位于温带,这里的永久雪线很低,只有海拔2700米。再往下,植被在更温暖的地区变为落叶混交林。由于坡面朝向太阳的角度不同,这些区域的植被差异很大。

- 2700 米以上——裸露的岩石和雪
- 高达 2700 米——草地和高山花朵
- 高达 2400 米——矮灌木,如杜松
- 高达 2000 米——针叶林,如云杉和落叶松
- 高达 1000 米——落叶混交林

非洲

在热带的非洲,永久雪线要高得多,在东非最高的山峰上能达到海拔5000米左右。乞力马扎罗山的永久雪线位于海拔5895米,肯尼亚山则位于海拔5199米。雪线以下,植被从高山苔原向下延伸到热带草原。高山苔原白天暴露在灼热的阳光下,夜晚则寒冷刺骨,于是产生了该地区的特有植物。

- 5000 米以上——裸露的岩石和雪
- 高达 5000 米——非洲高山植物,包括巨型半边莲和千里光
- 高达 4000 米——矮灌木和乔木,包括两种石南
- 高达 3300 米——竹子
- 高达 2700 米——高山森林
- 高达 2200 米——热带稀树草原和灌木

喜马拉雅山脉

喜马拉雅山脉是世界上最高的山脉,其中珠穆朗玛峰海拔8848.86米。海拔4572米以上的所有山峰都覆盖着永久积雪。植被由高山苔原向下延伸到亚热带森林。西藏位于喜马拉雅山脉以内,高原辽阔,气候寒冷干燥,除了矮小的高山禾本植物外,其他植物都无法生长。这个地区通常称为山地草原。

- 4500 米以上——裸露的岩石和雪
- 高达 4500 米——有着高山花卉的草地
- 高达 3800 米——矮灌木,例如杜鹃花
- 高达 3200 米——针叶林,包括雪松
- 高达 2000 米——阔叶林
- 高达 1000 米——温带雨林

山地和极地环境

山地和极地栖息地有很多共同之处。在赤道上,这种极端的栖息地只存在于最高的山峰上。温带则出现在海拔较低的地方。而在两极,极端的栖息地在地面上。

最高峰

险峻的峭壁、陡峭的斜坡和持续的寒冷使得除地衣以外的任何植物都难以在山顶立足。群峰是冰冷的荒芜之地。

高山花朵

温带有明显的季节变化。山上可能下满了雪,春天会融化到雪线的位置。雪线下的高草地上开着柔弱而顽强的高山花朵。北极的春天也有类似的花朵。

云雾森林

热带地区,较低的山坡经常有云层笼罩。茂密的云雾森林生长在这里,这里也是许多独特植物的家园,而且还为包括大猩猩在内的一些世界上最濒危的动物提供了避难所。

山脉

在高海拔生活很艰苦，那里寒风凛冽、空气稀薄，而且山坡陡峭、植被稀少。一些动物已经适应了这些状况，例如石山羊。很多山上的居住者是"移民"，例如只有在夏天才搬上山来的鹿。由于人类侵占了美洲狮的自然栖息地，它们被迫迁徙至此。

布鲁克斯山脉

落基山脉

落基山脉

这些山脉从寒冷的阿拉斯加的布鲁克斯山脉——狼和驯鹿的家园一直延伸到热带墨西哥的马德雷山脉，那里的山谷森林中充满了鹦鹉。

阿特拉斯山脉

捕食性哺乳动物

北美的山区是某些曾经四处游荡的食肉动物最后的避难所，包括狼、丛林狼、熊、猞猁和美洲狮。在安第斯山脉，除了以素食为主的眼镜熊外，美洲狮是唯一的大型食肉动物。

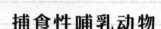

眼镜熊
（→ p.109）

马德雷山脉

加拿大盘羊
（→ p.120）

安第斯山脉

美洲兔
（→ p.113）

猛禽

在高海拔地区，几乎不存在能比鸟类生活得更好的生物，因为它们有用来保暖的羽毛和适应稀薄空气的肺。猛禽可以在起伏的山峦中觅食。美洲的山区是许多猛禽的家园，包括库氏鹰、金雕和游隼。

大型哺乳动物

许多食草动物装备精良，它们能够充分利用在难以接近的山坡上生长的新鲜植物。北美的源羊（引入物种）、加拿大盘羊和戴氏盘羊以及南方的骆马都是敏捷的攀爬动物，它们有更多的红细胞，可以从稀薄的空气中吸收更多的氧气。

小型哺乳动物

对于小型哺乳动物来说，寒冷的山峦带来了特殊的问题。很多小型哺乳动物，例如旱獭，冬天会躲入洞穴中冬眠。鼠兔等始终活跃的动物通常依赖于秋天积累的食物储备。

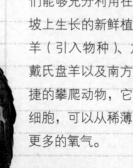

加州神鹫

昆虫和其他

在高处，跳虫、瓢虫和阿波罗绢蝶聚集在有食物的岩石缝隙中，那里有高山花卉和地衣苔藓的孢子。不吃东西的时候，跳虫和苍蝇会与蜈蚣、螻蛄以及跳蛛一起躲在石头下面。

螻蛄
（→ p.148）

小型哺乳动物

在喜马拉雅山脉和其他欧亚大陆的山脉，鼠兔和高山鼠等小型啮齿类动物一年四季都很活跃，它们在岩石下干燥的地方贮存干草过冬。旱獭、勘察加旱獭以及其他旱獭则通过冬眠度过冬天。

喜马拉雅旱獭
（→ p.115）

阿尔卑斯山脉

高加索地区

兴都库什山脉

喜马拉雅山脉

喜马拉雅山脉

这是世界上海拔最高的山脉，是许多动物的家园，例如高山鼠、塔尔羊和罕见的雪豹。

岩羚
（→ p.110）

水鹨
（→ p.141）

红尾鵟
（→ p.136）

空中的鸟

有些鸟，像山鸦、雪鸡和雷鸟一直生活在高山上，它们充分利用数量众多的种子和昆虫。渡鸦和雁在夏天飞行。迁徙的鹬和雁可能会远远地从头顶飞过。

大型哺乳动物

春天，很多羊科动物会爬到高处的草甸上吃草，包括塔尔羊、有着大角的亚洲山羊以及最大的羊——盘羊。长得像牛一样毛茸茸的牦牛生活在海拔 6000 米以上的喜马拉雅山脉。

猛禽

裸露的山坡是猛禽理想的猎场，欧亚山脉是金雕等珍稀猛禽的家园。还有许多以腐肉为食的动物，比如喜马拉雅兀鹫。

极地冰

北极和南极是世界上最艰难的栖息地。在这两个地方难以想象的寒冷和几乎永恒的黑暗会持续半年之久。不过这里也有短暂的夏季，植物开花，昆虫繁殖，还会飞来许多鸟儿，它们组成了最盛大的宴会。少数顽强的动物整年都会待在这里，例如北极熊，而且海里总是充满着生命。

漂泊信天翁
（→ p.132）

企鹅

企鹅有舒适的防水羽毛和层层脂肪来抵御寒冷。它们不会飞，但很擅长游泳，非常适合捕捉这里最丰富的食物——鱼。南极有七种企鹅，例如阿德利企鹅、巴布亚企鹅等。

鱼

鳞头犬牙南极鱼

漫长的夏季产生了大量被当作食物的浮游生物，尽管南大洋如此寒冷，仍然有大量的鱼类——须蟾䲁、冰鱼、鳞头犬牙南极鱼和渊龙䲁。这里的物种很少，不过胜在量大，成群的磷虾是如此惊人，甚至从卫星上都能观测到。

海鸟

企鹅是南极的全年居民，但是夏天还有 35 种海鸟会光顾这里，包括燕鸥、海燕、海鸥和鸬鹚，还有以企鹅繁殖地的卵和幼鸟为食的贼鸥。

阿德利企鹅
（→ p.140）

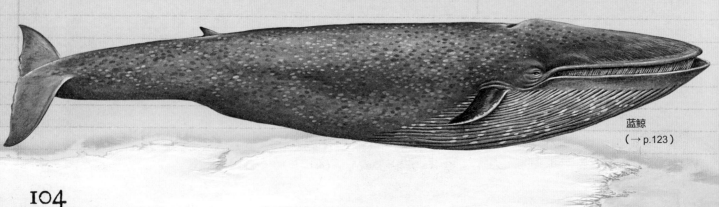

蚊、蚋、蠓
（长角亚目）
（→ p.151）

昆虫

南极洲最大的陆生动物是体长只有 1 厘米、没有翅膀的南极蠓，它最大的天敌是螨。这里的昆虫种类很少，但是它们大量地生活在岩石下、土壤中和地衣下。跳虫在企鹅聚集地很常见，它们以植物为食。

鲸和海豹

南极的大型食肉动物不是陆生哺乳动物，而是海豹和鲸鱼。海豹捕食企鹅，齿鲸捕食海豹。丰富的鱼类意味着这里的海豹比北极的还多，还有世界上最大的象海豹。

蓝鲸
（→ p.123）

昆虫

春天，随着湖泊和池塘的解冻，无数昆虫从冬眠中醒来，跳虫和甲虫在苔原上爬行，蝴蝶和蜜蜂吮吸着北极的花朵。夏季，成群的蚊子和蠓骚扰着动物们。

岩雷鸟
（→ p.141）

空中的鸟

随着春天的到来，数百万的鸟类聚集在北极繁殖。鹬鸰和鹨在地面捕食昆虫，也有鸣禽以种子为食，崖沙燕则在空中抓昆虫。当这些鸟向北飞时，捕食性的隼会尾随着它们。

鲸和海豹

北极的冬天对于海豹和鲸来说很艰难，海洋结冰导致它们无法到海面上呼吸。有些种类会在冬季迁徙，留下的海豹则通过咬破冰来制造呼吸孔，但随着冰层变厚，它们必须努力保持洞口畅通。

熊蜂
（→ p.147）

小天鹅
（→ p.143）

格陵兰海豹
（→ p.120）

捕食者

由于裸露的北极地区几乎没有遮蔽，捕食者依靠伪装来进行攻击。北极狐、白鼬和伶鼬冬天都会变白，这可以使它们隐藏在雪中，春天又会变回棕色。即使是狼，冬天也会变得苍白。

海鸟与沿岸鸟类

夏天，冰川的边缘融化，露出大面积的海洋。许多鸟类来到北极海岸繁殖，包括鸻鹬（例如黑腹滨鹬、翻石鹬和大滨鹬）、水禽（例如黑雁）和海鸟（例如海鹦、贼鸥和鸥）。

食草动物

每年春天，大量驯鹿在怀孕的雌性带领下穿越苔原向北迁徙，以新长出来的草为食。它们每天向北移动，游过河流和水湾，跋涉 1000 多千米，小驯鹿会在途中出生。

北极熊
（→ p.109）

驼鹿
（→ p.117）

动物分类

动物王国的不同类群称为"门"，其中一种叫作"脊索动物门"。有脊椎骨的是脊椎动物，例如老虎和乌龟，没有脊椎骨的是无脊椎动物，例如蜗牛、海星和蝎子。地球上大多数动物都是无脊椎动物，其中至少包括 100 万种昆虫。

动物可以被归为不同的类群。例如棕熊，是八种熊之一。棕熊属于熊科，食肉目；食肉目属于哺乳动物纲；哺乳动物纲属于脊索动物门。图中展示了主要的动物类群。

动物界

缓步动物门：水熊虫	腔肠动物门：	环节动物门：	栉水母门：栉水母	棘头动物门：棘头虫
帚虫动物门：帚虫	海葵 水母 珊瑚 水螅	蚯蚓、水蛭	腕足动物门：海豆芽	扁形动物门：扁虫
线虫动物门：蛔虫			多孔动物门：海绵	有爪动物门：栉蚕

其他门

软体动物门

节肢动物门

肢口纲：鲎	蛛形纲（103000 种）		甲壳亚门（70000 种）		头足纲：章鱼、乌贼

倍足纲：马陆

避日目：避日蛛	节腹目：节腹蛛	头虾纲	鳃足纲：丰年虾、仙女虾
盲蛛目：盲蛛	有鞭目：鞭蝎		
须脚目：微鞭蝎		蔓足亚纲：藤壶	颚足纲—桡脚亚纲：水蚤
蜱螨目：蜱、螨			
伪蝎目：伪蝎		介形纲	
蝎目：蝎子			
蜘蛛目：蜘蛛		软甲纲：虾、蟹、龙虾	
无鞭目：鞭蛛			

无板纲

双壳纲：贝类

多板纲：石鳖

腹足纲：螺、蜗牛

掘足纲：象牙贝

单板纲：新碟贝

海蛛纲：海蜘蛛

蝎子

唇足纲：蜈蚣

苔藓动物门

轮虫动物门

棘皮动物门

六足总纲（包含昆虫纲）（至少 1000000 种）

原尾目	蜉蝣目：蜉蝣	䗛目：竹节虫	鞘翅目：甲虫
双尾目：双尾鱼	蜻蜓目：蜻蜓、豆娘	缨翅目：蓟马	脉翅目：草蛉、蚁蛉
衣鱼目：衣鱼	襀翅目：石蝇	纺足目：足丝蚁	长翅目：蝎蛉
石蛃目	蜚蠊目：蟑螂	缺翅目：缺翅虫	双翅目：蚊、蝇
弹尾目：跳虫	螳螂目：螳螂	啮虫目：啮虫	毛翅目：石蛾
	蛩蠊目	半翅目：蝽、蝉	鳞翅目：蝴蝶、蛾
	螳䗛目	蚤目：跳蚤	膜翅目：蚁、蜂
	革翅目：蠼螋	虱目：虱子	
	直翅目：蟋斯、蟋蟀、蝗虫	捻翅目：捻翅虫	

海胆纲

海星纲

蛇尾纲

海参纲

海百合纲

甲虫

胡蜂

106

界是最大的动物类群。植物、真菌和原生生物属于不同的界。

门是动物界主要分支。脊索动物是一个动物门。

亚门是门的分支。甲壳纲动物都在甲壳亚门内。

纲是门的分支。爬行动物纲、鸟纲、两栖动物纲、鱼纲和哺乳动物纲都属于纲。

目是纲的分支。翼手目、啮齿目、有袋目和灵长目动物都是哺乳动物下的目。

脊索动物门（45000 种）

爬行纲（10000 种）

鳄目
有鳞目：蛇、蜥蜴
喙头目：喙头蜥
龟鳖目

鳄鱼

蛇

哺乳纲（5500 种）

单孔目（产卵的哺乳动物）：针鼹、鸭嘴兽
澳大利亚有袋总目：袋鼠、树袋熊
南美洲有袋总目：负鼠
管齿目：土豚
翼手目：蝙蝠
食肉目：猫、犬、熊、鼬

贫齿目：树懒、食蚁兽、犰狳
长鼻目：象
象鼩目：象鼩
鲸偶蹄目：鲸、羊、牛
皮翼目：鼯猴
兔形目：兔
蹄兔目：蹄兔

劳亚食虫目：刺猬、鼩鼱
奇蹄目：马、犀牛
鳞甲目：穿山甲
灵长目：猿、猴
啮齿目：鼠、水豚、豪猪
鳍脚目：海豹、海狮、海象
海牛目：海牛、儒艮
攀鼩目：树鼩

象

灵长类

两栖纲（7300 种）

无足目：蚓螈
无尾目：蛙、蟾蜍
有尾目：蝾螈

蚓螈

蟾蜍

鸟纲（10420 种）

无翼目：几维鸟
鸵鸟目：鸵鸟
美洲鸵鸟目：美洲鸵
企鹅目：企鹅
鹤鸵目：鹤鸵
鸡形目：鸡、鹌鹑、孔雀
雁形目：鸭、雁、天鹅
鹱形目：信天翁、海燕、鹱
鹤形目：鹤、秧鸡
潜鸟目：潜鸟
鸊鷉目：鸊鷉
鹳形目：鹳
夜鹰目：夜鹰
鸮形目：猫头鹰
鹈形目：鹈鹕、鹭、鹮

鲣鸟目：军舰鸟、鲣鸟、鸬鹚
鹲形目：鹲
麝雉目：麝雉
鹰形目：鹰、鹫
隼形目：隼
鼠鸟目：鼠鸟
鸻形目：鸥、鸻、鹬、海雀
鸽形目：鸽、斑鸠
沙鸡目：沙鸡
红鹳目：火烈鸟
鹃形目：杜鹃
雨燕目：雨燕、蜂鸟
鹦形目：鹦鹉
咬鹃目：咬鹃

鹦鹉

犀鸟目：戴胜、犀鸟
佛法僧目：佛法僧、蜂虎、翠鸟
䴕形目：啄木鸟、拟啄木鸟、巨嘴鸟
雀形目：鸦、鹟、莺、鸫、鹎、太阳鸟、极乐鸟等

雀形目

硬骨鱼纲（31000 种）

有 48 个目，其中包括：

鲤形目　　鳕形目
鳗鲡目

骨舌鱼目
鲽形目
鲅鳑目

鲑形目
鲟形目

三文鱼

软骨鱼纲（1200 种）

包括鲨总目下 8 个目和鳐总目下 3 个目。

鳐

圆口纲：七鳃鳗（43 种）

头索动物亚门：文昌鱼
尾索动物亚门：海鞘

哺乳动物

哺乳动物的体形差异很大，小到鼩鼱，大到蓝鲸。哺乳动物能够适应地球上几乎所有的生境，因为它们是恒温动物，所以也被称为"温血动物"。这意味着它们能将体温维持在最适合身体功能运行的温度，而不受外部环境的影响。美洲狮能够居住在热带雨林，也能居住在雪山之巅。除此之外，每一种哺乳动物也有着自己所喜欢的不同生境。

吸血蝠
分布范围：中美洲、南美洲
生境：森林洞穴
吸血蝠只以血液为生。它们会用舌头吸取受害者的血，受害者会流失少量的血液，不过，蝙蝠的叮咬可能会传播疾病。

大食蚁兽
分布范围：北美、中美洲
生境：森林、稀树草原
大食蚁兽与其他食蚁兽一样没有牙齿，但是却长着修长的吻部，里面有一条60厘米长的大舌头，用来将蚂蚁和白蚁吸出巢穴。

九带犰狳
分布范围：热带美洲
生境：干燥的草原
犰狳会在晚上挖蚂蚁和蜘蛛。受到威胁时，它们会蜷缩成一团，这样暴露在外的就只有全副武装的背部。

美洲獾
分布范围：加拿大西南部到墨西哥中部
生境：开阔草原、干旱土地
美洲獾是孤独的猎手，通常在晚上挖寻地松鼠和土拨鼠，它们的挖掘速度非常惊人。

澳大利亚假吸血蝠
分布范围：澳大利亚
生境：洞穴、老式矿井隧道
这是一种大型食肉蝙蝠。它们以昆虫、青蛙、鸟、蜥蜴和小型蝙蝠为食，狩猎的时候会同时用耳朵和眼睛来定位猎物。

小岛羚
分布范围：西非、南撒哈拉
生境：森林、林间空地
西非的小岛羚身高不足30.5厘米，腿细如铅笔，是世界上最小的有蹄动物。小岛羚很害羞，一旦被发现就会迅速消失。它们能跳将近3米远。

指猴
分布范围：阿根廷西部
生境：干燥的草原
马达加斯加指猴是夜行动物。它们有着细长的手指，寻找昆虫时，长长的第三根手指会轻敲树干，同时用超灵敏的耳朵确定昆虫的位置，然后再用同一根手指掏出昆虫。白天，指猴躲在树顶上用树枝搭成的窝里。

獾
分布范围：欧洲、亚洲
生境：森林、草原
獾成群生活在巨大的地道网中。黄昏时分，它们会出来玩耍，寻找蚯蚓、其他小动物、水果和坚果。

狐蝠
分布范围：南亚、东南亚
生境：森林
这种蝙蝠的翅膀是所有蝙蝠中最大的，翼展达到1.25米。它们白天成群栖息在大树上，晚上飞出来寻找香蕉等水果。

叟猴（无尾猕猴）
分布范围：直布罗陀、北非
生境：多岩地区、林间空地
叟猴其实不是猴，而是没有尾巴的猴子。欧洲西南部和非洲的大部分地区都曾经发现过叟猴，但是现在它们唯一的欧洲家园是直布罗陀。叟猴在树上和地面寻找树叶和水果。

绿狒狒
分布范围：中非
生境：热带稀树草原
奥利弗狒狒是一种嘴长得像狗、生活在陆地上的大型猴子。它们主要以草、水果和昆虫为食，有时候也会捕捉小型哺乳动物。

短鼻袋狸
分布范围：澳大利亚
生境：灌丛、森林
袋狸是一类小型的有袋类动物，挖掘昆虫幼虫和植物的根吃。短鼻袋狸居住在浓密的灌丛里，以真菌和蝎子为食。

大耳蝠
分布范围：欧洲、亚洲北部
生境：森林
这种蝙蝠有着巨大的、高灵敏度的耳朵，可以利用回声在漆黑的晚上飞行，同时还可以精准定位到要捕食的昆虫。

马铁菊头蝠
分布范围：欧洲、亚洲、北非
生境：森林
马铁菊头蝠得名于马蹄形边缘的鼻子，而鼻子可以放大和引导用来定位猎物的超声波。马铁菊头蝠的飞行能力较差，以地面的甲虫为食。

矛吻蝠
分布范围：热带美洲
生境：森林
这种蝙蝠以老鼠、鸟类和小型蝙蝠为食，偶尔也吃昆虫。

眼镜熊
分布范围：南美
生境：森林、热带稀树草原、山地
眼镜熊是南美唯一的熊类，主要生活在森林里，以树叶、水果和树根为食，有时候也捕食鹿和骆马。眼镜熊是攀登好手，平常独自或者和家庭成员睡在树上用树枝做成的大窝里。

熊狸
分布范围：东南亚
生境：森林
这是一种小型的肉食性哺乳动物，与麝猫的亲缘关系较近，是除蜜熊以外唯一一种尾巴具有抓握能力的食肉动物，在攀爬时像一只手一样。

短尾猫
分布范围：北美
生境：树沼、森林
短尾猫是北美最常见的野猫，名字来源于其"好像被剪短一样"短而粗的尾巴。它们的体形大约是家猫的两倍大，主要以兔科动物为食，但是也捕捉地栖鸟类，通常通过缓慢跟踪猎物来捕食。

黑熊
分布范围：亚洲、北美
生境：森林
亚洲和美洲都有黑熊。美洲黑熊很少吃肉，夏天主要以草和水果为食，冬天吃坚果。这些熊会在每年的10月回到巢穴睡上一冬天，但是并不会进入真正的休眠状态。

棕熊
分布范围：欧洲、亚洲、北美
生境：森林、苔原
美洲灰熊和科迪亚克熊是棕熊的两个亚种，还有西伯利亚熊和戈壁熊。它们非常强壮，是体形最大的食肉动物之一。

戈壁棕熊
分布范围：戈壁沙漠
生境：沙漠
戈壁棕熊是世界上唯一的沙漠熊类，生活在蒙古西南部，当地人称其为"Mazaalai"。戈壁棕熊是棕熊的一个亚种，就像美洲灰熊一样，但已经适应了戈壁的干旱环境。如今它们濒临灭绝，非常罕见，仅存30只左右。

美洲野牛
分布范围：北美
生境：大草原、开阔树林
这种巨大的、毛茸茸的牛一样的生物肩高能达到3米，曾经成千上万地游荡在美洲大草原上，为了获得优质的草场，每年迁徙一次，但欧洲殖民者的大屠杀几乎使其灭绝。现在，保护地中大约有20000头美洲野牛。

肯尼亚林羚
分布范围：中非
生境：热带森林
肯尼亚林羚是世界上最大的森林羚羊，能够长到2.1米高。它们白天躲在灌丛里，黎明和黄昏时分出来吃树叶、水果和树皮，晚上则吃草。肯尼亚林羚奔跑时会将头向后仰，以防止它们的角挂到树枝上。

北极熊
分布范围：北冰洋
生境：海岸、冰川
北极熊是北极地区的顶级捕食者，擅长游泳，主要以鱼、海鸟、驯鹿、海豹和其他动物为食，但是夏天也吃浆果和树叶。

河狸
分布范围：北美
生境：河流、湖泊
河狸是一种大型啮齿类动物，会用有力的牙齿啃倒树木，然后在溪流上筑起水坝，还会建造越冬的小屋。冬天以树皮和树枝为食，夏天则吃其他植物。

野猪
分布范围：欧洲、北美、亚洲
生境：森林、林地
野猪是家猪的祖先，但是长着鬃毛，雄性还长有獠牙。它们通常在林地的地面寻找植物和昆虫，还会挖掘鳞茎和块茎。野猪是速度惊人的生物，受惊时会变得非常好斗。

印度水牛
分布范围：印度、东南亚
生境：森林、湿地
美洲野牛有时被称为水牛，但是真正的水牛生活在热带地区，毛较少，还有扁平的角，这种角是对付老虎的武器。亚洲水牛每天的大部分时间都在泥泞的河里打滚。大多数水牛现在都是家牛了。

大婴猴
分布范围：南非
生境：森林、树木茂密的草原
这是非洲九种小型树栖灵长类动物中体形最大的一种，被称为"夜猴"或"婴猴"。这些夜间猎手长着巨大的眼睛和耳朵，可以在黑暗中寻找昆虫和爬行动物。

水豚
分布范围：南美
生境：森林、草原
水豚是最大的啮齿类动物，它们和绵羊一样大，主要吃水生植物，脚上有蹼，非常擅长游泳。

野猫
分布范围：欧洲、非洲、东南亚
生境：草地、森林
野猫是家猫的祖先，两者长得很像，但是野猫体形更大，尾巴又粗又短。野猫虽然擅长爬树，但是抓到猎物的主要方式还是靠慢慢接近，通常捕食小型啮齿类动物和地栖鸟类。雄性野猫发情时会通过叫声吸引雌性。

水䶄鹿
分布范围：西非
生境：雨林
这种生活在非洲雨林中的小鼷鹿体形和野兔差不多，白天在灌丛或者河岸上的洞里休息，晚上出去觅食。

单峰驼
分布范围：北非、中东
生境：干燥的草原、沙漠
骆驼非常适应沙漠炎热的生活，有着惊人的能力——能一次喝下足够维持数天的水，并且能够在白天升高体温。

狞猫
分布范围：非洲、东南亚
生境：干燥的草原、沙漠
狞猫有时也被称为"沙漠猞猁"，会在夜间捕捉跳鼠和地松鼠，而且可以在跳起之后从空中击落小鸟。

黑猩猩
分布范围：中非
生境：雨林、多树草原
黑猩猩是敏捷而聪明的猿类，它们擅长表达，会用很多声音和手势来交流，也会用简单的工具来获取物，例如树枝。

岩羚
分布范围：欧洲、中东
生境：山地
岩羚是所有山羊中最敏捷的，可以很轻松地在峭壁间跳跃。它们的蹄子上有特殊的海绵状垫，能牢牢地站在光滑的岩石上。夏天以高处的花草为食，冬天则会向下移动，取食地衣和松枝。

绒毛丝鼠
分布范围：智利北部
生境：落基山脉
绒毛丝鼠是一种在岩石缝隙中群聚的小型啮齿类动物，有着大眼睛、长耳朵和毛茸茸的尾巴。它们以植物为食，吃东西的时候通常坐在地上，用前爪抱着食物。

双峰驼
分布范围：亚洲
生境：沙漠、干草原
与亚洲的单峰驼不同的是，双峰驼有两个驼峰，还有蓬松的毛来应对戈壁的寒冬。

兔狲
分布范围：中亚
生境：沙漠、干草原、山地
这是一种小型沙漠猫科动物，住在旱獭等动物遗弃的洞穴或地道中。兔狲在夜间捕食小动物，猎物有老鼠和野兔。

猎豹
分布范围：非洲、亚洲西南部
生境：草地
猎豹是陆地上奔跑速度最快的动物，能以100千米/小时的速度进行短距离冲刺。捕猎时，猎豹会悄悄地尽可能靠近猎物，然后以爆炸性的速度冲向猎物并扑倒，咬住喉咙将其杀死。如果第一次扑食不成功，通常会放弃猎物。猎豹一般捕食小羚羊、野兔和鸟类。

驯鹿
分布范围：北欧、亚洲、北美
生境：苔原、泰加林
驯鹿生活在苔原上，在迁徙时常成群活动。它们夏天主要以草为食，冬天从雪中挖寻地衣。这是唯一一种雌雄两性都有角的鹿。

东美花鼠
分布范围：北美
生境：森林
这种像松鼠一样的小型啮齿动物生活在北美东部的阔叶林中，它们很活跃，总是四处奔波着收集越冬的种子、坚果和浆果。

双斑椰子狸

分布范围： 非洲撒哈拉以南

生境： 森林、热带草原

双斑椰子狸是一种小型食肉动物，长着狗一样的嘴和长而蓬松的尾巴，生活在森林和草原，晚上捕食小蜥蜴和啮齿类动物。

黇鹿

分布范围： 欧亚大陆西部

生境： 草原、开阔树林

晚上和白天的大部分时间，黇鹿都待在树下或者茂密的灌丛里，黄昏和黎明出来吃草。它们秋天发情，雄鹿将雌鹿聚集在一起，然后用鹿角进行激烈的搏斗，直到一方被击败，胜利者会赢得所有雌性的芳心。

弗吉尼亚鹿

分布范围： 美洲

生境： 森林、木沼、草原

这种适应性很强的鹿可见于从北极到热带部分地区的每个栖息地，它们什么都吃，包括草、坚果以及地衣。

非洲野犬

分布范围： 非洲

生境： 热带稀树草原、干旱草原

非洲野犬总是成群结队地捕猎和生活，一起捕食角马这样的大型动物。很多条野犬会一起抓住马的腿，将其拖倒在地。

南美浣熊

分布范围： 热带美洲

生境： 森林

南美浣熊和浣熊以及小熊猫属于同一个科，但却群居在热带美洲的森林里。它们有长而灵敏的鼻子，可以在灌木中闻到小动物、水果和种子的味道。

鼯猴

分布范围： 印度尼西亚、菲律宾

生境： 雨林

鼯猴，又名"飞狐猴"，是世界上体形最大的会滑翔的哺乳动物，可以通过四肢间的皮膜滑行 130 米远。共有两种鼯猴，一种来自印度尼西亚，另一种来自菲律宾。

马鹿

分布范围： 北美大部分地区、欧亚大陆

生境： 温带森林、沼泽

马鹿在欧洲非常见，也被称为"赤鹿"。雄鹿的鹿角能长到 1.5 米。

豺

分布范围： 南亚

生境： 雨林

豺是一种野生犬科动物，一群的数量可达 30 只。豺跑得不快，但是可以进行长距离追逐，直到猎物筋疲力尽。一群豺可以击倒水牛，甚至老虎。

真海豚

分布范围： 全世界

生境： 热带海洋

海豚实际上是一种鲸，但体形更小，而且非常灵活。海豚善于运动又爱玩，可以从水中冲到海面上。它们也极其聪明。

丛林狼

分布范围： 北美洲、中美洲

生境： 草原、开阔树林

因为丛林狼很狡猾，北美原住民称其为"捣蛋鬼"。虽然丛林狼很多年来一直遭受农民的射杀和毒害，但它们还是活了下来。雌性春天在洞穴里产下约 6 只幼崽，雄性则会为家里带来食物，这些猎物包括蛇、兔子、啮齿类动物、昆虫和水果。

黑尾鹿

分布范围： 北美

生境： 草原、开阔树林

这种敏捷、害羞的黑尾鹿与弗吉尼亚鹿有着亲缘关系，冬天它们从森林地区迁徙到沙漠。这些鹿主要在黎明、黄昏和月光皎洁的夜晚活动。天气炎热时，它们在凉爽的地方睡觉。雄鹿喜欢睡在有岩石的山脊上，雌鹿和幼鹿喜欢平坦的地方。

澳大利亚野犬

分布范围： 澳大利亚

生境： 干旱草原

澳大利亚野犬是大约 3000 年前由亚洲人作为猎狗引入澳大利亚的。与家养狗不同，澳大利亚野犬不会吠叫。它们以前的猎物是袋鼠，现在袋鼠数量少了，所以很多野犬会攻击绵羊。

亚马孙河豚

分布范围： 亚马孙河

生境： 淡水

亚马孙河豚是最大的淡水豚，体长可达 2.6 米。随着年龄增长常常会变成粉红色，但通常是和其他海豚一样的蓝灰色。与海豚不同的地方在于，亚马孙河豚可以弯曲脖子，向任何方向转动头部。它们经常肚皮朝上游泳来观察河床。

哺乳动物

睡鼠
分布范围：欧洲、亚洲
生境：森林

这种肥肥的睡鼠有着像松鼠一样蓬松的尾巴，甚至像松鼠一样坐着吃东西，但它们的尾巴是放平的。夏天时，睡鼠睡在高树枝上的窝里，只有晚上才下来寻找坚果、种子和浆果。冬天，它们会在树洞甚至是建筑物中冬眠。

大羚羊
分布范围：非洲撒哈拉以南
生境：热带稀树草原

大羚羊是羚羊中体形最大的一种，雄性体重可达1吨。雄性和雌性都有着长而直的角，角长可长达70厘米，并且呈螺旋状。它们是食叶动物，黄昏和黎明时分在树木稀疏的开阔地带进食。大羚羊不仅吃树叶，还会用蹄子挖掘树根。

聊狐
分布范围：北非、亚洲西南部
生境：沙漠

聊狐是最小的犬科动物，但是却有着与身体相比最大的耳朵。它们的大耳朵可以让它们在炎热的夏天也感到很凉爽，同时还能在夜晚捕捉小型啮齿类动物、鸟类和昆虫时起到辅助作用。白天，它们躲在洞穴中躲避沙漠的炎热。聊狐是一种社会性动物，形成终生伴侣。

狮尾狒
分布范围：埃塞俄比亚
生境：深山

狮尾狒生活的地方没有什么树木，以地上的植物为食，甚至会睡在光秃秃的岩石上。雄性身上有三块赤裸的红色皮肤，受到威胁时就会膨胀起来。

儒艮
分布范围：印度洋、西太平洋
生境：海岸水域

儒艮是一种海牛，它们以海草为食，有很长的肠道来消化草，就像牛的瘤胃一样。儒艮大部分时间都静静地待在海底，不定期会浮出水面呼吸。

非洲草原象
分布范围：非洲撒哈拉以南
生境：雨林、热带稀树草原

非洲草原象是最大的陆生动物，重达6吨。它们每天要吃300公斤的食物，喝的水超过100升。雄性的象牙长达3米。

赤狐
分布范围：北美、欧亚大陆
生境：林地、草原

赤狐会独自在夜晚捕猎，取食的范围很广，而聚集在一起只为繁殖和养育后代。它们的天然栖息地是森林和草原，但很多已经适应了在郊区的花园，甚至是城市中心的生活。

小斑麝
分布范围：欧洲西南部、非洲、亚洲西南部
生境：热带稀树草原、灌丛

小斑麝是一种小型食肉动物，与果子狸有着亲缘关系。它们会偷偷地跟踪猎物，扑食之前保持身体平贴地面。大部分的猎物是从地面上捉到的，例如啮齿类动物和爬行动物。

原针鼹
分布范围：新几内亚
生境：雨林

原针鼹和鸭嘴兽一样都是单孔目动物，它们是唯一会产卵的哺乳动物类群。雌性一次产1~3个卵，这些卵在孵化前都会待在临时的育儿袋中。原针鼹也被称为"刺食蚁兽"，以蚂蚁和白蚁为食。

亚洲象
分布范围：南亚
生境：雨林

亚洲象比非洲草原象小，耳朵也较小，鼻尖只有一个指状突，而非洲草原象有两个。亚洲象绝大部分时间生活在森林里，用它们的鼻子获得植物，主要以草和树叶为主。

托氏羚
分布范围：东非
生境：热带稀树草原

托氏羚是一种腿脚细长、优雅而善奔跑的羚羊，群居在开阔的草原上。为了躲避猎豹这样的捕食者，它们必须时刻保持警惕。

肥尾沙鼠
分布范围：非洲撒哈拉以南
生境：沙地荒漠

和许多沙漠啮齿类动物一样，肥尾沙鼠白天在洞穴中躲避炎热，到爽的晚上才出来寻找种子和昆虫幼虫。之所以叫这个名字，是因为它们将脂肪存储在短而粗的尾巴上。当食物充足时，尾巴会膨胀得很大，沙鼠几乎拖不动它。然而食物缺乏时，脂肪消耗殆尽，尾巴就会变细。

北方小沙鼠
分布范围：北非
生境：沙漠
北方小沙鼠生活在从沙地上随意挖出来的洞穴里，白天躲在里边，傍晚出来觅食。

白掌长臂猿
分布范围：东南亚
生境：森林
白掌长臂猿是18种长臂猿之一。长臂猿是出色的杂技演员，它们能用长长的手臂以惊人的速度在森林的树冠上穿行。

戴帽长臂猿
分布范围：泰国
生境：森林
戴帽长臂猿头上有一顶黑毛的帽子。刚出生时是白色的，随着年龄的增长，头部开始变黑。雄性的领地意识很强，会对其他雄性大声吼叫。

长颈鹿
分布范围：非洲撒哈拉以南
生境：热带稀树草原
长颈鹿是世界上最高的动物，身高可达6米，其中一半的高度是它们那令人难以置信的长脖子贡献的。长长的脖子可以够到远离地面的金合欢树的树叶以及嫩芽，但是它们必须展开长长的前腿才能低头喝到水。长颈鹿生活在由雄性领导，雌性和幼鹿组成的小群体中。

大袋鼯
分布范围：澳大利亚东部
生境：森林
大袋鼯是能够滑翔的澳大利亚鼯鼠当中体形最大的，能够在树与树间滑行100米甚至更远。和所有的鼯鼠一样，它们也是有袋动物。

短头袋鼯
分布范围：澳大利亚东北部、新几内亚
生境：森林
短头袋鼯是一种会滑翔的鼯鼠，它们以相思树和桉树树皮的伤口渗出的含糖汁液为食。

平原囊鼠
分布范围：北美
生境：沙漠、草原
囊鼠这个名字来源于它的颊囊，它们可以用颊囊装满食物然后带回洞穴。

大猩猩
分布范围：中非
生境：雨林
大猩猩是最大的灵长类动物，也是最大的类人猿，体重可达300公斤。大猩猩群居在森林里，由一只雄性大猩猩（或者叫银背大猩猩）带领。尽管体形巨大，它们却是温和的动物，吃东西的时候会用手折断茎和叶子。

羊驼
分布范围：南美
生境：草原、山地
羊驼和骆驼有亲缘关系，而且和骆驼一样，卧下时也是跪着的。羊驼是非常顽强的生物，能够在炎热的阿塔卡马沙漠和雪山上生存。

豚鼠
分布范围：南美
生境：草原、岩石区
豚鼠也被称为"天竺鼠"，是一种以草和树叶为食的小型啮齿类动物。它们的祖先是野生豚鼠。

原仓鼠
分布范围：欧亚大陆
生境：草原、农田
原仓鼠是一种穴居的小型啮齿类动物，它们有着很大的颊囊，可以将食物带回洞穴。

美洲兔
分布范围：阿拉斯加、加拿大、北美
生境：森林、木沼、灌丛
这种动物的皮毛夏天是深棕色的，冬天则会变为白色，但耳尖边缘的黑色不变。通常它们在夜晚和早上比较活跃。夏天吃多汁的绿色植物，冬天吃细枝、嫩叶和嫩芽。

短趾猬
分布范围：北非、中东
生境：干旱的灌丛、沙漠
短趾猬白天挖浅浅的洞来躲避沙漠的炎热。晚上，当气候凉爽时，它们会出来寻找无脊椎动物吃，例如蝎子，还会吃地面筑巢鸟类的卵。短趾猬生活在沙漠里，而大耳猬生活在戈壁。

河马
分布范围：非洲撒哈拉以南
生境：草原上的河流或湖泊
河马是一种巨大的生物，体重可达3吨，还有着巨大的嘴。白天它们泡在水里休息，晚上出来吃草和其他植物。

倭河马
分布范围：西非
生境：雨林
倭河马是一种小型河马，有着较窄的嘴巴和较瘦的身体。它们主要生活在陆地上，会在晚上出来取食树叶和掉落的水果。

蹄兔
分布范围：阿拉伯半岛、非洲
生境：多岩石的山畔
蹄兔的群体一般50只。它们以树叶、草和靠近地面生长的浆果为食，但是也可以爬到树上吃水果，例如无花果。

鬣狗

分布范围：非洲、亚洲西南部

生境：干燥的稀树草原、沙漠

鬣狗看起来像狗，但它们却和狗分属完全不同的科。鬣狗以腐肉为食，也捕食小动物，例如绵羊。

黑尾兔

分布范围：美国

生境：草原、沙漠

黑尾兔有着长长的耳朵，可以用来降低体温。它们的后腿长而有力，能够以惊人的速度跳跃奔跑，最高时速可达 60 千米。夏天吃绿色植物和草，冬天则更多选择木本植物。

麝袋鼠

分布范围：大洋洲

生境：雨林

麝袋鼠是一种生活在大洋洲雨林中的小型袋鼠，以树叶、水果和小动物为食。与其他袋鼠不同，它们通常用四条腿走路。

树袋熊

分布范围：澳大利亚东部

生境：桉树森林

树袋熊也被称为"考拉"，是一种有袋动物。它们只以桉树的叶子和嫩枝为食。从袋里出来后，树袋熊宝宝会骑在母亲的后背上。

黑斑羚

分布范围：非洲撒哈拉以南

生境：热带稀树草原

黑斑羚可能是羚羊中最敏捷的一种，它们能跳 10 米远。对于它们来说，跳远可能只是觉得好玩，也可能是为了躲避捕食者。在干旱季节，黑斑羚通常成群地生活在一起。

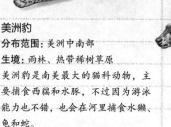

美洲豹

分布范围：美洲中南部

生境：雨林、热带稀树草原

美洲豹是南美最大的猫科动物，主要捕食西貒和水豚，不过因为游泳能力也不错，也会在河里捕食水獭、龟和蛇。

大跳鼠

分布范围：中亚

生境：干草原、沙漠

大跳鼠是一种小老鼠一样的生物，有着长尾巴和非常长的后腿，因此跳跃的高度能达到 3 米。它们白天住在洞穴里，晚上出来活动，寻找种子和昆虫。

红大袋鼠

分布范围：澳大利亚中部

生境：干燥的草原、沙漠

这是有袋动物中最大最快的一种，用巨大的后腿跳跃，时速可达 60 千米。雌性生出的宝宝在英文里称为"joey"，宝宝会在育儿袋里待上两个月。

野驴

分布范围：亚洲

生境：沙漠、干草原、草原

在亚洲共有五种野驴。波斯野驴、蒙古野驴、西藏野驴、印度野驴和可能已经灭绝的叙利亚野驴。蒙古野驴是生活在戈壁的野驴，驴群较小，由多只雌驴、幼驴和一只雄驴构成，其他雄性则组成单身汉俱乐部。

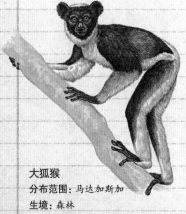

大狐猴

分布范围：马达加斯加

生境：森林

大狐猴是狐猴中最大的一种，是马达加斯加特有的灵长类动物。与其他长尾巴的狐猴不同的是，它们尾巴看起来又短又粗。大狐猴很吵闹，为了宣示自己的领土，它们会唱起奇怪的歌，2 千米以外都能听到。大狐猴生活在家庭群体当中，白天在树林中寻找树叶、嫩枝和水果吃。

荒漠更格卢鼠

分布范围：美国西南部、墨西哥北部

生境：沙漠

荒漠更格卢鼠是一种有着长尾巴的鼠，腿非常长，跳的时候姿势像袋鼠一样，而且能跳 2 米高。它们所需的水分大部分是从植物中获取的，为了避开沙漠的酷热，晚上才从洞穴中出来，寻找食物时能够走相当远的路。

蜜熊

分布范围：中南美洲热带区域

生境：雨林

蜜熊是一种与浣熊和小熊猫有亲缘关系的小型树栖动物，捕食的时候用可以抓握的尾巴固定自己。它们主要以水果和昆虫为食。

长尾叶猴

分布范围：印度、斯里兰卡

生境：森林、灌丛

长尾叶猴是生活在南亚热带森林中的敏捷猴子。印度的长尾叶猴在人类的住宅区过着滋润的日子，会抢夺食物，人类认为这些猴子是神圣的，所以很少会猎杀它们。

欧旅鼠

分布范围：斯堪的纳维亚

生境：苔原

传说欧旅鼠会集体自杀，但事实是，当苔原上的食物充足时，欧旅鼠的数量会急剧上升，于是它们会被迫迁徙。大规模迁徙过程中，有些旅鼠会在过河的时候淹死。

环尾狐猴

分布范围：马达加斯加

生境：多岩石的森林

环尾狐猴是一种会爬树的敏捷灵长类动物，它们生活在马达加斯加和附近的科摩罗群岛上。环尾狐猴有着黑色的眼圈，脸和猫似的，直立的尾巴长而蓬松，上面有着醒目的灰黑相间的圆环。兴奋或不安的时候，身上的腺体会发出强烈的气味。

豹

分布范围：非洲、南亚

生境：大部分热带环境

豹是适应性最强的大型猫科动物，从茂密的森林到开阔的沙漠，都有豹分布。豹身上有斑点，而黑豹则是全身黑色的豹。豹擅长攀登，非常强壮，能把像羚羊一样大的猎物拖到树上，这样鬣狗之类的食腐动物就无法触及。豹喜欢伏击猎物，往往会从树上直接跳下来扑食。

非洲狮

分布范围：非洲撒哈拉南部、印度西北部

生境：热带稀树草原

非洲狮是体形仅次于老虎的第二大猫科动物，不算尾巴的话，体长通常能达到2米。非洲狮一般生活在15只成员的狮群里，其中包括3只雄狮，其他都是雌狮以及幼崽。狮群会集体捕猎，不过大部分工作往往是雌狮做的。

美洲狮

分布范围：北非、中非和南非

生境：森林、草原、山地

美洲狮也被称为"山狮"，主要捕食鹿。与狮子不同，美洲狮独立捕猎，它们发出的是咕噜声而不是吼叫。

家羊驼

分布范围：安第斯山脉（南美洲段）

生境：山地

家羊驼是原驼的近亲，很久前就被人类驯化了，这些人可能是秘鲁的印加人。与羊驼不同，家羊驼是用来食用和运输货物的。

懒猴

分布范围：印度南部、斯里兰卡

生境：森林

与大多数灵长类动物不同，懒猴行动非常缓慢，用细长的腿沿着树枝爬行。它们会伏击昆虫，例如蝗虫。

猞猁

分布范围：北美、欧亚大陆

生境：针叶林、灌丛

猞猁独自生活在森林中，捕食野兔、啮齿类动物、小鹿和鸟类。北美猞猁尤其偏爱美洲兔。它们的爪子很大，能在雪上行走。猞猁耳朵上的簇毛可以让它在茂密的松树林中听到更多声音。

日本猴

分布范围：日本

生境：森林

日本猴是除人类以外唯一一种不在热带地区生活的灵长类动物。它们生活在高山上寒冷的森林里，有着特别厚的毛发。遇到非常寒冷多雪的冬天，它们会懒洋洋地泡在温泉里取暖。

美洲海牛

分布范围：中南美洲加勒比海、大西洋沿岸

生境：温暖的沿海水域

海牛看起来有点像海豹，但是却和儒艮一样取食海草。一天的大部分时间中，除了每隔几分钟浮出水面换个气，它们都躺在海底。美洲海牛一家子生活在一起，有时候会聚在一起形成很大的兽群。

山魈

分布范围：西非

生境：雨林

山魈有着火红的鼻子和蓝色的脸颊。它们也是猴子世界的重量级选手，体重可达55公斤。主要取食植物，但是有时也会吃小动物。

敏白眉猴

分布范围：中非

生境：雨林

敏白眉猴比它们的亲戚白颊白脸猴更擅长爬树，但它们在树林里的移动速度却比其他非洲猴子慢。

喜马拉雅旱獭

分布范围：喜马拉雅山脉

生境：高寒草甸

喜马拉雅旱獭体形像一只大猫，通常群居，会挖很深的洞，并且在洞里冬眠。它们生活在海拔5200米的草原上。

美洲貂

分布范围：加拿大、阿拉斯加、美洲西北部

生境：泰加林、松林

美洲貂是一种生活在松林中顽强的小型食肉动物。它们精通爬树，擅长在树梢追逐捕捉红松鼠，会在中空的树洞里做窝。

狐獴

分布范围：南非

生境：热带稀树草原

狐獴是一种住在连成片的洞穴中的小型哺乳动物，以昆虫、蜘蛛、蝎子和小型哺乳动物为食。在地面上活动的时候，有一些狐獴会直直坐着充当警戒者。凉爽的时候，狐獴会坐着晒太阳，热的时候则肚皮朝下趴在洞中。

北美水貂

分布范围：北美，引入英国

生境：湿地、河岸

世界上有两种水貂——北美水貂和较小一点的欧洲水貂。北美水貂通常在河流或湖泊附近活动，在夜间捕食水禽和鱼类。由于其棕色皮毛柔软而浓密，人们常常捕捉或者养殖它们用来制作毛皮大衣。英国的野外已经有从农场逃逸的水貂了。

美洲鼹

分布范围：美洲东北部

生境：田地、草地、花园

美洲鼹一生几乎都是在地下度过的，它们能用强有力的前爪在土中挖掘，基本看不见东西，靠灵敏的鼻子寻找蚯蚓和昆虫幼虫为食。

欧鼹

分布范围：欧洲、东亚

生境：林地、农场

欧鼹一生都在地下挖掘隧道，所以人类不是很容易见到它们。唯一能发现它们活动的迹象是挖掘隧道时形成的土堆，这被称为"鼠丘"，这是它们在向前挖掘时产生的。

巨金鼹

分布范围：南非

生境：林地

稀有的巨金鼹是所有鼹鼠中体形最大的，长度可达 24 厘米。与其他鼹鼠不同，这种鼹鼠在地面上寻找甲虫、蛞蝓和蠕虫吃，尽管看不见，但依然可以依靠气味和声音分辨。当受到惊吓时，巨金鼹会冲回洞中，即使看不到东西，但依旧找得到洞的入口。

裸鼹鼠

分布范围：非洲东北部

生境：干燥的草原

裸鼹鼠几乎无毛的身体是粉红色的，它们生活在地下，由单独一只雌性（女王）控制群体，总数可达 100 只。女王和它们胖胖的帮手由"工人鼠"喂养。

灰獴

分布范围：南亚，引入其他地方

生境：森林到沙漠

灰獴是一种高超敏捷的捕食者。它们捕食老鼠和蝎子，但是却以攻击蛇而闻名，例如眼镜蛇。

疣猴

分布范围：非洲撒哈拉南部

生境：森林

灵敏的疣猴也被称为"叶子猴"，因为它们主要吃树叶。安哥拉疣猴是九种疣猴中的一种，由于长着长而顺滑的皮毛被人类猎杀，现在已经很难见到它们了。

金丝猴

分布范围：中国中部

生境：高山林地

金丝猴或称"仰鼻猴"，有着长长的橘黄色毛发，眼周的裸皮像一个蓝色的眼罩。它们主要吃树叶，生活在高山上针叶林和阔叶林的交界处。虽然人类为了获取皮毛和中药猎杀它们，但栖息地的破坏才是金丝猴濒临灭绝的原因。

长鼻猴

分布范围：东南亚、婆罗洲

生境：雨林、红树林沼泽

长鼻猴得名于其雄性长长的粉色鼻子。平时鼻子是低垂的，大声吼叫时就会直立起来。

红吼猴

分布范围：热带南美洲

生境：雨林

吼猴得名于那在黎明和黄昏时分令人难以置信的尖叫声，这种声音可传到 3 千米之外。它们是美洲最大的猴子。

绿猴

分布范围：非洲东南部

生境：热带稀树草原、林地

绿猴也叫作"绿长尾猴"。它们很擅长爬树、跳跃和游泳，平常都睡在树上，也很乐于在开阔地奔跑和觅食。

绒毛蛛猴

分布范围：巴西东南部

生境：沿海森林

绒毛蛛猴有着长长的四肢和善于抓握的尾巴，这条尾巴相当于多了一只手，可以辅助它们在树林间穿行。它们的脸光秃秃的，兴奋时会变红。

驼鹿

分布范围：欧亚大陆、北美

生境：泰加林、苔原

驼鹿是世界上最大的鹿，雄鹿的鹿角可以达到1.8米宽。它们的鹿角在冬天脱落，来年春天再长出更大的角。雄鹿会吼叫着吸引雌鹿，同时会与竞争对手展开激烈的战斗。

小鹿

分布范围：中国，引入欧洲

生境：森林

这是一种和大狗体形差不多的小鹿，现在是欧洲的鹿中体形最小的。在亚洲，它们还被称为"吠鹿"，因为它们的叫声像狗。

独角鲸

分布范围：北极

生境：寒冷的海洋

独角鲸是一种鲸鱼。雄性有一根雄伟的长牙，可长达3米，这根茅其实是一颗长牙，用来和其他雄性竞争对手争斗。

红猩猩

分布范围：苏门答腊岛、婆罗洲

生境：雨林

红猩猩是仅次于大猩猩的第二大类人猿。与大猩猩不同的是，红猩猩生命中的大部分时间是在树上度过的，它们的窝是用树枝搭成的平台。由于雨林栖息地的缩减，红猩猩的生存受到了威胁。

土耳其盘羊

分布范围：欧洲南部、亚洲中南部

生境：山地

土耳其盘羊是一种强壮的山地羊，可能是家养绵羊的祖先。它们似乎能够吃任何植物，包括那些已知对其他动物有毒的植物。

麝牛

分布范围：加拿大北部、格陵兰

生境：苔原

麝牛看起来像水牛，但实际上却与石山羊有着亲缘关系。它们生活在北极的苔原上，有着可以帮其度过寒冷冬天的长而蓬松的皮毛。宽大的脚掌能让麝牛避免陷入松软的雪中。

袋食蚁兽

分布范围：澳大利亚西南部

生境：森林

袋食蚁兽是一种小型有袋动物，但是却没有育儿袋。幼兽被带着到处走的时候，会紧紧叼住母亲的乳头。它们以白蚁为食，能用长达10厘米的舌头将白蚁舔起来。

虎猫

分布范围：北美洲、中美洲

生境：雨林

虎猫白天在树上或者茂密的植被中睡觉，晚上出来到地面捕食小型哺乳动物，比如鹿和西貒。它们最喜欢的食物是刺豚鼠。虎猫是最美丽的猫科动物之一，人们曾为获得其皮毛而大量捕杀。现在虽然禁止捕猎虎猫，但剩下的虎猫数量已经很少了。

阿拉伯大羚羊

分布范围：阿拉伯半岛

生境：沙漠

这种非常珍稀的阿拉伯大羚羊很适应沙漠中的生活，可以在没有水的情况下存活很长时间，所需的水分大部分来自取食的植物。碰上凉爽潮湿的夜晚阿拉伯大羚羊会使劲深呼吸，这可以帮它们获取水分。

拉布拉多白足鼠

分布范围：北美

生境：林地、草原

拉布拉多白足鼠在地下或树里筑巢，仅有7周大的时候就可以开始繁殖。它们是非常敏捷的动物，以昆虫、种子和坚果为食。

麝鼠

分布范围：北美、引入欧洲

生境：草沼、河岸

麝鼠生活在水中，嗜吃沼泽植物。冬天，它们像河狸一样住在小屋里，唯一不同的是用芦苇建成。

林姬鼠

分布范围：欧洲东南部

生境：林地、农田

林姬鼠又叫"长尾田鼠"，可能是欧洲最常见的哺乳动物，从荒野到郊区花园，到处都有它们的身影。它们经常在树下的洞里筑巢，晚上出来四处乱蹿寻找种子。冬天的时候，它们会冬眠。

莹鼠耳蝠

分布范围：北美

生境：森林、郊区

这种常见的小蝙蝠经常在阁楼和建筑物的墙壁上育儿。每只蝙蝠每小时能吃掉1200多只昆虫。

霍加狓

分布范围：西非

生境：雨林

霍加狓看起来就像后腿有着斑马条纹的马。事实上，它们爱吃树叶，是长颈鹿的近亲，会用长长的舌头将树叶扯下来。

水獭

分布范围：欧亚大陆、北美

生境：河流、湖泊、海岸

水獭的身体呈流线型，是强壮的游泳高手，能用尾巴推动自己在水中前进。它们通常生活在河岸的洞穴中，晚上出来捕食鱼、青蛙和水鮃。

海獭
分布范围：太平洋东北
生境：多岩石海岸
海獭一生的大部分时间是在海上度过的，它们住在靠近巨藻生长地带的浅水区。吃贝类的时候，它们会仰面朝上漂浮着，把一块石头放在腹部，然后将贝壳砸向石头，直到贝壳破裂。

大穿山甲
分布范围：东非、中非
生境：热带雨林、热带稀树草原
穿山甲是唯一一类有鳞的哺乳动物。受到威胁时会将自己卷成一团，把鳞片立起来，让锋利的边缘向外。它们会用又长又黏的舌头舔食蚂蚁和白蚁，还有厚厚的眼睑可以保护眼睛不被蚂蚁叮咬，并且会封闭鼻孔不让蚂蚁进入。

阿尔泰鼠兔
分布范围：亚洲北部
生境：山地、森林
阿尔泰鼠兔就像没有大耳朵的兔子，不过通常生活在高山上。夏天它们在岩石间摆起一堆堆的干草，当作冬天的储备粮。

帚尾袋貂
分布范围：澳大利亚、引入新西兰
生境：林地
这是一种敏捷、会爬树的有袋类动物，主要以树叶、花和水果为食，如今在城区也相当常见。

树穿山甲
分布范围：西非
生境：雨林
和所有的穿山甲一样，树穿山甲身上覆盖着鳞片。它们善于攀爬，有着长长的能够抓握的尾巴。树穿山甲通常白天睡在地上，晚上爬上树靠着气味寻找蚂蚁。

鸭嘴兽
分布范围：澳大利亚东部、塔斯马尼亚岛
生境：湖泊、河流
鸭嘴兽是为数不多会产卵的哺乳动物之一。它们的足上有蹼，喙也像鸭子一样，用来在河床的泥土里寻找昆虫幼虫。

长鼻袋鼠
分布范围：澳大利亚
生境：潮湿的灌丛、草原
长鼻袋鼠是一种小型的、像老鼠一样的袋鼠，有着柔软光滑的皮毛。与大型袋鼠一样，它用强壮的后足跳跃行走。长鼻袋鼠的食性比大型袋鼠要广得多，包括植物的根、草、真菌和昆虫，通常在黄昏时分觅食。

大熊猫
分布范围：中国中部
生境：森林
稀有的大熊猫有着食肉动物的消化系统，但实际上主要吃竹子的嫩枝，吃的时候坐在地上，用前爪抓着竹子。

林鼬
分布范围：欧洲
生境：森林
林鼬是一种小型食肉动物，与白鼬和伶鼬有着亲缘关系。它们晚上捕食啮齿类动物、鸟类和蜥蜴。

黑尾草原犬鼠
分布范围：美国中部
生境：大草原
这种动物生活在一种被称为"镇道"的巨大的网状地道结构中。它的名字来源于它那像狗一样的吠叫声。

小熊猫
分布范围：南亚、中国
生境：山地森林
小熊猫看起来有些像浣熊。它们白天蜷缩在树枝上睡觉时，会用尾巴将自己围起来保暖，晚上会到地面上取食竹笋、草、树根、水果和橡子，偶尔吃老鼠。生气时，它们会站起来并发出噬噬声。

中美西猯
分布范围：北美洲、中美洲、南美洲
生境：森林、草原、沙漠
中美西猯是一种像猪一样的哺乳动物，食性很广，吃昆虫也吃多刺的仙人掌。中美西猯是所有西猯中分布范围最广的一种。

豪猪
分布范围：非洲撒哈拉南部
生境：森林、热带稀树草原
这是一种大型的啮齿类动物，身上有着吓人的长刺，长度可达30厘米。如果受到威胁会竖起背上的刺，摇晃着背对着敌人冲过去。

叉角羚
分布范围：美国西部
生境：大草原
叉角羚是世界上速度最快的有蹄类哺乳动物，奔跑时速可达100千米。它们的视力非常好，可以看到6.5千米外移动的物体。

短尾鼩

分布范围：澳大利亚西南部

生境：植被茂密区

曾经广泛分布的短尾鼩被人们当作一种娱乐项目而射杀，现在除了罗特内斯特岛，其他地方很少能见到。这个岛的名字的意思是"鼠窝"，因为欧洲探险家将短尾鼩当作了老鼠。

亚利桑那棉鼠

分布范围：美国东南部

生境：干燥的草原

亚利桑那棉鼠的数量有时候会激增得非常快，变得像瘟疫一样。它们通常以植物和小型昆虫为食，但是有时候也吃鹌鹑蛋。

高鼻羚羊

分布范围：中亚

生境：干草原

高鼻羚羊有着象一样的鼻子，夏天可以用来过滤空气中的灰尘，刺骨的冬天则可以温暖寒冷空气。

普通袋鼬

分布范围：塔斯马尼亚岛

生境：澳大利亚东南部

袋鼬是一类轻盈的，像猫一样的有袋类动物，生活在澳大利亚和新几内亚。它们住在树上，捕食蜥蜴和鸟类。

下加利福尼亚稻鼠

分布范围：墨西哥、加利福尼亚

生境：草沼

下加利福尼亚稻鼠一般生活在草沼中，以芦苇和莎草为食，也吃鱼。它们有时还会吃水稻，这样会导致非常严重的农业损失。

短角羚

分布范围：南非

生境：草原

短角羚是一种有着柔软皮毛的小型羚羊。公羊有着强烈的领地意识，通过舌头发出咔嗒声、哨声以及小便标记领地。

穴兔

分布范围：欧洲，引入其他地方

生境：草原、林地、农田

穴兔生活在洞穴中，繁殖得非常快，一年能生好几窝。它们吃草，也会大肆破坏农民的蔬菜和农作物。

褐家鼠

分布范围：全世界

生境：城市房屋、农田

褐家鼠也被称为"挪威鼠"，最初来自东南亚，但随着人类的定居而传播到世界各地。它们几乎可以吃任何东西。

黑犀

分布范围：非洲撒哈拉南部

生境：撒哈拉

与亚洲的类群不同，非洲的黑犀和白犀都有两个角。黑犀比白犀体形略小，上唇尖尖的方便吃树叶。白犀的嘴唇较宽，方便吃草。

僧面猴

分布范围：亚马孙

生境：雨林

僧面猴是一类长尾巴的南美猴，它们的毛发长而粗糙。僧面猴的脸和脖子周围有着长长的蓬松的毛发，看起来像僧人的斗篷。这种机警的猴子生活在森林高处的树冠上，很少会冒险到地面去。它们爬树的时候手脚并用，偶尔会在较粗的树枝上直立行走，能在树枝间进行远距离跳跃。

浣熊

分布范围：美洲北部和中部

生境：林地、郊区

浣熊原本是生活在林地的生物，但是却学会了跟随人类寻找食物，并且以夜间翻找垃圾桶而闻名。它们的名字是印第安语"用手抓"的意思。

澳沼鼠

分布范围：南非

生境：木沼

澳沼鼠以种子、浆果和水果为食，生活在芦苇和草做的窝里。

紫貂

分布范围：亚洲北部

生境：泰加林

这种像鼬一样的小型肉食性哺乳动物以小型哺乳动物、鱼类、坚果和浆果为食。厚厚的柔软的皮毛使它们能够度过西伯利亚寒冷的冬天。

加州海狮

分布范围：美国西部

生境：海岸

加州海狮喜欢玩耍，擅长用牙齿在空中接住物体并保持平衡。它们的游泳速度也很快，能达到每小时40千米，还能潜到150米深的水中捕鱼。和所有的海狮一样，加州海狮的前肢很强壮，可以支撑自身体重，而且在陆地上也能够快速移动，快到几乎算是跑了，完全不像海豹那样慢吞吞的。它们能发出多种叫声。

锯齿海豹

分布范围：南极洲

生境：浮冰边缘

令人奇怪的是，锯齿海豹虽然别称为"食蟹海豹"，但是却并不吃螃蟹。它们以一种称为磷虾的生物为食，这种生物的外形和虾很像。锯齿海豹的主要天敌是虎鲸。

港海豹

分布范围：南极洲

生境：浮冰边缘

港海豹又称"普通海豹"，经常可以看到它们在岩石上晒太阳，甚至会游到河的上游。

格陵兰海豹

分布范围：北大西洋、北冰洋

生境：寒冷的海洋

格陵兰海豹是游泳健将，一生绝大部分时间都在海上度过。它们会从北部的夏季觅食地长距离迁徙到温暖的南部海洋。

豹形海豹

分布范围：南部海洋

生境：浮冰、寒冷海洋

豹形海豹是一种可怕的食肉动物，有着一张大嘴和锋利的牙齿。它们的主要猎物是企鹅，会趁着企鹅离开冰面时捕捉它们。

北象海豹

分布范围：北太平洋沿岸

生境：沿海岛屿

象海豹名副其实，雄性可以长到6米长，重达3吨。它们以鱼和乌贼为食，可以潜到很深的地方。

大眼海豹

分布范围：南极洲

生境：浮冰

大眼海豹是南极海豹中体形最小的，也是最稀有的，总共可能不到5万头。大眼海豹在浮冰下捕食，主要吃乌贼、鱼类和像虾一样的磷虾。它们有一双巨大的眼睛，适合在冰下昏暗的水中狩猎。长长的鳍可以推动身体在水中以惊人的速度前进。

韦德尔海豹

分布范围：南极洲

生境：坚冰、近岸水域

这种海豹以鳕鱼为食，潜水的时间和深度都比其他海豹长，能在深达600米的水下待一个小时。在水下它们活泼而喧闹，离开水它们会很困倦。

薮猫

分布范围：非洲撒哈拉以南

生境：热带稀树草原

薮猫在高草丛中捕捉鸟类、老鼠和其他啮齿类动物。长长的腿让薮猫能够俯瞰草原，但准确定位猎物主要是靠它们极其灵敏的耳朵，然后扑过去用前爪抓住猎物。薮猫的听觉非常好，可以察觉到鼹鼠在地下挖洞的声音，通常在黄昏和黎明捕猎。

加拿大盘羊

分布范围：美国西部、加拿大

生境：山地、沙漠

雄性加拿大盘羊名副其实，巨大的特角弯弯曲曲，重达12公斤。加拿大盘羊通常生活在人迹罕至的山地，但还有一个亚种生活在沙漠中。加拿大盘羊所有的水分都是从吃的植物中获得，它们几乎吃所有的植物，消化系统复杂，可以从质量较差的食物中获取营养。

盔鼩鼱

分布范围：非洲南部

生境：森林

盔鼩鼱的脊柱异常强壮，椎骨周围被骨环和骨针紧密包围。刚果当地的芒贝图人称其为"英雄鼩鼱"，因为站在盔鼩鼱身上它的脊椎也不会折断！盔鼩鼱除了移动缓慢，其他方面都很像鼩鼱。

短尾鼩

分布范围：中国、日本、北美地区

生境：森林和林地

许多鼩鼱，包括珍稀的大长尾鼩、科式鼩鼱、甘肃长尾鼩，都在森林地面厚厚的落叶层中钻洞来寻找昆虫。像鼹鼠一样，鼩鼱（还有鼩鼹）也会在土里挖洞。它们有着鼹鼠一样的小眼睛和隐藏的耳朵。

树鼩

分布范围：东南亚

生境：雨林

树鼩是一种生活在东南亚雨林中的小动物。它们像松鼠一样在树上蹦蹦跳跳，但是大部分时间都在地上活动，以蚂蚁、蜘蛛和种子为食。一些科学家曾经将它们归为灵长类动物，另一些则将其归为食虫目（如鼩鼱），不过如今树鼩自立门户，自己构成了树鼩目。

加拿大臭鼬

分布范围：北美

生境：草原、林地

当受到威胁时，加拿大臭鼬会抬起尾巴蹬脚。如果这样做也没有吓跑敌人，它们会转身从肛门腺喷出一股恶臭的液体。

三趾树懒

分布范围：亚马孙

生境：雨林

树懒是所有哺乳动物中行动最慢的，它们倒挂在树枝上全速前进的时候，速度不到每分钟2米。

狮面狨
分布范围: 巴西东南部
生境: 滨海森林
由于巴西大西洋沿岸的森林遭到砍伐,有着丝绸般橙金色毛发的狮面狨受到了严重的威胁。更加遗憾的是,这些美丽的动物被大量捕捉并作为宠物售卖,人们正在努力拯救它们。

古巴沟齿鼩
分布范围: 古巴
生境: 树林
这种奇怪的鼩鼱样动物一般在森林的地面上寻找昆虫和真菌吃,但它们的咬伤带毒,可以杀死蜥蜴、蛙和小鸟。

松鼠(欧亚红松鼠)
分布范围: 欧亚大陆
生境: 针叶林
松鼠是一种啮齿类动物,生活在建于树上的巢穴中。这是一种敏捷的动物,在树上蹿来蹿去时,会用尖锐的爪子抓住树干。松鼠的主食是松子,秋天食物充足时,会埋藏橡子作为补充食物,因为冬季缺少夏季能吃到的真菌和水果。

白鼬
分布范围: 北美、欧亚大陆、引入新西兰
生境: 森林、苔原
白鼬是一种小型的食肉动物,通常捕食啮齿动物和兔子,会迅速咬住猎物的后脖子将其杀死,经常杀死比自己大3倍的兔子。冬天,很多白鼬会变成乳白色,这样在雪地上就不会那么显眼。

跳羚
分布范围: 南非
生境: 热带稀树草原、沙漠
人们曾经发现过数量多达1000万头、队伍长达160千米的跳羚群在旱季时长途跋涉寻找水源。数以万计的跳羚被人类屠杀,但仍能见到大量的跳羚。

北美灰松鼠
分布范围: 北美东部,引入欧洲
生境: 阔叶林
北美灰松鼠原产于北美东部的橡树、山核桃树和核桃树林里,会取食大量的橡子、山核桃和核桃。它们的数量被当地的捕食者控制着,这些捕食者包括猫头鹰、狐狸和短尾猫。19世纪时,它们被引入欧洲,在缺少天敌的情况下蓬勃发展。

扭角羚
分布范围: 中美洲、亚马孙
生境: 雨林
扭角羚生活在世界上某些地形最崎岖的国家,通常在海拔超过2400米靠近森林上限的茂密竹林和杜鹃花丛中活动。它们长得笨拙而结实,却可以轻松地在陡峭的山坡上移动,寻找青草、嫩竹和嫩柳枝为食。

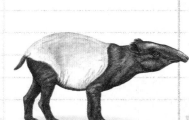

马来貘
分布范围: 东南亚
生境: 雨林
貘有五种——南美的四种以及东南亚的马来貘。它们都是胆小的动物,有着猪一样的身体和长长的鼻子,它们的鼻子是用来感知食物的,就像大象的鼻子一样。

跳兔
分布范围: 南非
生境: 热带稀树草原
跳兔是一种和野兔差不多大小,后腿强壮有力的小型啮齿类动物。受到惊吓或者奔跑时,跳兔会像袋鼠一样跳跃,一次可以达3米远,大而蓬松的尾巴能帮它保持平衡。跳兔吃东西的时候会用四肢站立。

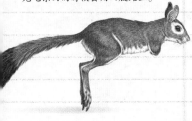

大鼯鼠
分布范围: 南亚
生境: 雨林
这种鼯鼠四肢之间有大片皮膜,可以在树木之间滑行,距离能达到460米。这种结构可以让它们保持在森林的树冠上移动,而不会掉到地上。大鼯鼠通常白天在树洞里休息,黄昏时出来活动,取食坚果、水果、嫩枝、树叶和花蕾。人们没见过小鼯鼠趴在妈妈的背上的画面,所以认为当母鼠寻找食物时,幼鼠会待在安全的庇护所里。

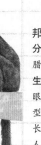

长须狨
分布范围: 亚马孙
生境: 雨林
长须狨是一种生活在南美洲和中美洲雨林中的小猴子。它们的手无法握紧东西,不能像其他猴子一样在树上荡来荡去,而是像松鼠一样在树上蹿来蹿去。

邦加眼镜猴
分布范围: 苏门答腊、婆罗洲
生境: 森林灌丛
眼镜猴是一种小型灵长类动物,擅长跳跃,有着令人称奇的长尾巴、长手指、长脚趾和巨大的眼睛。黄昏时,它们通过巨大的眼睛寻找昆虫等猎物。

袋獾
分布范围：塔斯马尼亚岛
生境：林地
虽然袋獾没有小狗大，但却是有袋类中最可怕的猎手，因为它们能够捕杀绵羊。其实袋獾主要以死鸟、袋熊和死绵羊为食。

印度支那虎
分布范围：缅甸到越南
生境：混合林地
虎是最大的猫科动物，从头到尾长达3米。它们在夜间捕食鹿等大型动物，会跟踪猎物然后猛扑过去。印度支那虎主要生活在混交林中，它们是数量第二多的虎，但正在迅速消失；每周至少有一只虎被诱捕、枪击或中毒。

东北虎
分布范围：西伯利亚
生境：针叶林
这种亚种虎的体形是最大的，颜色较浅，能熬过西伯利亚寒冷的冬天。目前野外只剩下约400只。

纹猬
分布范围：马达加斯加岛
生境：灌木、森林
纹猬是一种长得像鼩鼱、以昆虫为食的小型哺乳动物，生活在马达加斯加和附近的科摩罗群岛。纹猬有刺猬一样的刺，可以保护自己。

苏门答腊虎
分布范围：苏门答腊岛
生境：雨林
苏门答腊虎是印尼3个亚种中仅存的一个，比其他虎颜色更深。约400只虎生活在7个自然保护区中。

里海虎
分布范围：里海附近
生境：草原
20世纪的时候虎有8个亚种，而如今其中3个已经灭绝，包括巴厘虎和爪哇虎，原因是森林栖息地遭到破坏。最近消失的是里海虎，20世纪70年代之后就没人见过它们了。

海湾鼠海豚
分布范围：加利福尼亚湾
生境：温暖的沿岸水域
不到1.5米长的海湾鼠海豚是体形最小的海豚之一，也是最稀有的海豚之一，现在还存活的可能不到500只。

骆马
分布范围：安第斯山脉中部
生境：山地

骆马与骆驼有亲缘关系，生活在海拔4000米以上的安第斯山脉。这里的空气稀薄，但它们仍能以每小时50千米的速度上坡奔跑。

水䶄
分布范围：欧洲、东西伯利亚
生境：淡水水岸、草原
水䶄在河边或小溪边挖洞，如果离水较远，就挖在地上。它们在夏季繁殖，主要以草和其他植物为食，可产数窝幼崽，每窝4~6只。

鬐甲尾鼩
分布范围：昆士兰、澳大利亚
生境：密集的灌木
鬐甲尾鼩和袋鼠很像，但体形只有袋鼠的一半，而且生活在植被较丰富的地区。有些鬐甲尾鼩生活在灌丛中，有些生活在岩石附近。鬐甲尾鼩是一种矮小的袋鼠，它们的名字来源于尾巴顶端的尖刺。

沙袋鼠
分布范围：澳大利亚东部和东南部
生境：岩石沟壑、灌丛
沙袋鼠生活在小型群体中，但通常很难被发现，因为当危险接近时，它们会原地卧下，如果威胁离得太近，则会突然蹿出来四散而逃。它们有时候能从直立姿态起跳到4米或者更高。

海象
分布范围：北冰洋
生境：浮冰、岩石岛屿
海象是一种巨大的海狮一样的动物，体长可达3.5米。雄性有着巨大的獠牙，过去人们认为这些牙是用来辅助进食的，但现在人们认为它们是雄性的地位象征，可以用来吸引配偶。

疣猪
分布范围：非洲撒哈拉南部
生境：热带稀树草原
疣猪是一种非常强壮的生物，以开阔的热带稀树草原上的矮草、水果、球茎和块茎为食。在这种几乎没有树的环境中，疣猪很容易被捕食者发现，被追逐的时候可能会跑到洞中躲藏，但也很可能用锋利的獠牙进行战斗。疣猪喜欢在泥里打滚以保持凉爽。

伶鼬
分布范围：欧亚大陆、北美、北非，引入新西兰
生境：农田、林地
伶鼬是世界上最小的食肉动物，不到15厘米长，身子比手指稍粗一些。它们是如此之小，以至可以直接追到老鼠的洞里捕食。

蓝鲸
分布范围：全世界
生境：寒冷海洋

蓝鲸是现今世界上最大的动物，体长可达32米，体重超过140吨。这种巨大的哺乳动物却以微小的虾一样的磷虾为食，它们用巨大嘴巴里的鲸须将磷虾从海水中分离出来，每天可以消耗4吨磷虾。夏天，蓝鲸在极地水域觅食，然后冬天迁徙到赤道进行交配。

狼
分布范围：欧亚大陆、北美
生境：苔原、泰加林、林地、草原

狼是犬科动物中体形最大的成员。它们长期遭到人类迫害，现在只生活在偏远地区，特别是茂密的森林里。狼是群居动物，在捕猎驯鹿和驼鹿等体形较大的动物时，它们会共同协作。

美洲旱獭
分布范围：北美北部
生境：森林、农田

美洲旱獭又被称为"北美土拨鼠"，是一种会游泳和爬树的松鼠科动物，但却生活在地下大型洞穴中，整个冬天都在里面冬眠。春天它们出现的日子被称为"土拨鼠节"。

露脊鲸
分布范围：北半球
生境：寒冷海洋

露脊鲸在英文里叫作"对的鲸"，因为它们游得很慢，死后还会浮在水面上，便于捕捉，所以捕鲸者认为他们"选对了"捕鲸目标，露脊鲸也因此几乎被捕杀殆尽。

牦牛
分布范围：喜马拉雅山脉
生境：山地

牦牛厚而蓬松的长毛和温暖柔软的绒毛能够很好地应对喜马拉雅山脉高处的寒冷环境。令人惊讶的是，它们步履非常稳健，在海拔高达6100米的斜坡上吃草，活动海拔比任何其他大型哺乳动物都要高。

座头鲸
分布范围：全世界
生境：海洋

座头鲸和蓝鲸一样通过鲸须滤食浮游生物，而且会进行长距离迁徙。雄性以复杂的歌声而闻名。

抹香鲸
分布范围：全世界
生境：温暖海洋

抹香鲸是齿鲸中最大的一种，有着长达5米的可怕大嘴。抹香鲸是世界上最大的捕食者，巨大的脑袋里充满了一种叫作鲸脑油的蜡状物质，这种物质有助于聚集声音和控制浮力。

狼獾
分布范围：欧亚大陆北部、北美北部
生境：针叶林、苔原

这种身强力壮的动物体形和一只小狗差不多大，是鼬类中最大的一种，以力量而闻名。它们是如此凶猛，以至能把熊从其杀死的食物旁赶走。狼獾同样也以胃口好著名，有时被称为"大胃王"。狼獾通常一天要跋涉超过40千米来寻找食物。

狭纹斑马
分布范围：北非
生境：热带稀树草原、半荒漠

狭纹斑马是斑马中最大的一种，相比于其他斑马，能够生活在更干旱的地方。它们清晨起来吃草，白天热的时候在树荫下休息。

虎鲸
分布范围：全世界
生境：寒冷海洋

虎鲸是体形最大的海豚，也是世界上最大的食肉动物之一，主要捕食鱼类和乌贼，但是也经常捕捉海豹。它们以家庭为单位生活和捕猎，通过声音交流。

小鳁鲸
分布范围：全世界
生境：沿岸水域

小鳁鲸是最小的须鲸，和座头鲸、蓝鲸一样，也用鲸须滤食浮游生物。小鳁鲸通常有8~10米长。

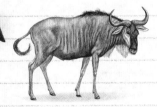

斑纹角马
分布范围：非洲南部和东部
生境：热带稀树草原

这种长得很像牛的角马是非洲最成功的物种。旱季，大群的角马在热带稀树草原上迁徙1500千米甚至更远的距离，寻找新鲜的草和水，仅在坦桑尼亚就有150万只角马。

塔斯马尼亚袋熊
分布范围：澳大利亚东南部、塔斯马尼亚
生境：森林、灌木

袋熊是一种体格强壮的有袋类动物，外表和行为都有些像猪。白天它们会挖大洞休息，晚上出来吃草和其他植物。在三种袋熊中，塔斯马尼亚袋熊是最大的，重达35公斤。

非洲艾鼬
分布范围：非洲撒哈拉南部
生境：热带稀树草原

非洲艾鼬也称为"条纹艾鼬"，看起来有些像臭鼬，而且受到威胁时肛门腺同样会发出难闻的气味。它们在夜间捕食啮齿类动物、爬行动物、昆虫和鸟蛋。

爬行动物

爬行动物与哺乳动物不同，它们是变温动物，体温会随着环境变化而改变。世界上有6800多种爬行动物，居住在温暖一些的区域，包括陆地和淡水流域。我们可以将爬行动物分为四类：鳄类（鳄和鼍）、有鳞类（蜥蜴和蛇）、龟鳖类以及喙头蜥类（一种新西兰分布的长得像蜥蜴的爬行动物）。

杰克逊避役
分布范围：东非
生境：稀树草原的树木上
杰克逊避役和其他避役一样，能够根据环境改变自身颜色，它们还能伸出与身体等长的黏舌头捕捉昆虫。与其他避役不同的是，杰克逊避役的头顶上有3个角。

锯鳞蝰
分布范围：非洲北部、亚洲西南部
生境：沙漠
锯鳞蝰居住在撒哈拉最热的一些区域里。它们能用剧毒迅速杀死猎物，这些猎物包括啮齿类动物、石龙子和睑虎。它们分泌的毒液对人类来说是致命的。

水蚺
分布范围：热带南美洲
生境：沼泽、河流
水蚺是世界上最长的蛇之一，野外的个体能长到9米长。它们能爬树，但是大部分时间都窝在混浊的水里等待猎物上门。水蚺主要捕食水豚和龟鳖，用强壮的肌肉将猎物盘卷起来，挤压窒息致死。

翡翠树蚺
分布范围：南美洲
生境：雨林
这种蚺住在树上，但是它们的大部分猎物都是靠尾巴抓在树枝上，垂下身子从地面上捕捉的。这种树蚺能一边悬垂一边扼死和吞下猎物。

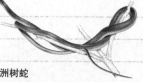

横斑避役
分布范围：东非
生境：稀树草原的树木上
这种避役是非洲大陆上体形最大的一种，身体上有着鲜明的黄色条带。虽然长得又大又鲜艳，但是并不容易被发现，尤其他们还很喜欢像风中的树叶一样摇摆。

阿拉伯沙蜥
分布范围：亚洲西南部
生境：沙漠
鬣蜥科下300个物种之一，这一科下的物种都有铲形的头部，主要吃昆虫。阿拉伯沙蜥住在地洞里，但也会把自己埋进沙子。

绿安乐蜥
分布范围：美国东南部
生境：林地、旧建筑
绿安乐蜥能像变色龙一样改变体色，触发改变的因素包括温度、位置以及情绪。遇到雄性竞争对手时，绿安乐蜥能在几秒内从棕色变成绿色。它们喉部的粉色皮膜是用来吸引雌性的。

非洲树蛇
分布范围：撒哈拉以南的非洲
生境：稀树草原
非洲树蛇是一种树栖的爬行动物，它们的捕捉对象，比如避役、蛙和鸟类经常会把它当成树枝。非洲树蛇是非洲毒性最强的蛇之一。

叩壁蜥
分布范围：美国西南部
生境：多石的沙漠
叩壁蜥是一种植食性的蜥蜴，它们会躲在石头底下过夜。碰到危险时，叩壁蜥会钻到岩石缝隙里，猛吸一口气让自己膨胀起来，这样就卡在石头缝里无法移动了。

美洲短吻鳄
分布范围：美国东南部
生境：河流、沼泽
美洲短吻鳄是美洲体形最大的鳄，能够长到5.5米长。它们居住在河流和沼泽里，几乎吃一切，包括龟和鹿。夏天它们常常卧在深坑里休息。

红尾蚺
分布范围：美国中部和南部
生境：雨林、稀树草原
红尾蚺是世界上体形最大的蛇之一，它们能长到5.5米长。蚺类用守株待兔的方式捕食，它们能够饿好几周不吃饭。蚺没有牙齿，所以会把猎物生吞。

眼镜凯门鳄
分布范围：亚马孙丛林
生境：湖泊、沼泽
眼镜凯门鳄是五种凯门鳄中最常见的一种，凯门鳄都是体形比较小的鳄，一般都短于1.8米，居住在亚马孙流域。它们得名于两眼之间眼镜架一样的脊状结构。

印度眼镜蛇
分布范围：印度、东南亚
生境：雨林、农田
印度眼镜蛇是11种亚洲眼镜蛇之一。它们毒性非常强，主要吃啮齿类动物、蜥蜴和蛙。它们的毒液杀死的人类比其他任何物种杀死的都要多。

眼镜王蛇
分布范围：南亚和东南亚
生境：森林
眼睛王蛇是世界上体形最大的毒蛇，能够长到4.9米甚至更长。它们用毒性超高的毒液捕猎，出击时能扑出去1.8米远。

尼罗鳄
分布范围：非洲（南部和北部除外）
生境：河流、湖泊、沼泽
尼罗鳄和其他长吻鳄一样会捕食来到水边饮水的动物，比如斑马。它们会咬住猎物拖到水里，用强有力的死亡翻滚杀死和淹死猎物。

平尾虎
分布范围：马达加斯加
生境：雨林
这种大型睑虎大部分时间都在树干上头朝下一动不动地待着，它们有着斑驳的颜色，再加上大大的叶状尾，非常难以被发现。受到威胁时，它们会张开巨大的嘴。

阔趾虎
分布范围：非洲西南部
生境：沙漠
这是一种数量稀少的沙漠睑虎，有着带蹼的足，可以像雪鞋一样防止在柔软沙地上行走时陷下去。阔趾虎会在沙子里挖个洞，然后趴在里面捕捉洞口路过的白蚁等昆虫。

美国毒蜥
分布范围：美国西南部、墨西哥北部
生境：沙漠
美国毒蜥的英文名来源于亚利桑那州的吉拉河，是世界上仅有的两种有毒蜥蜴的一种，另一种是来自墨西哥和危地马拉的墨西哥毒蜥。它们的尾巴可以在食物短缺时用来储藏能量。

美洲鬣蜥
分布范围：中南美洲
生境：近水的森林树木
美洲大陆有大约600种鬣蜥。美洲鬣蜥是体形最大的植食性爬行动物之一，能够长到1.8米长。美洲鬣蜥每天大部分时间都在水边的树木上晒太阳，但也能游泳。

海鬣蜥
分布范围：加拉帕戈斯群岛
生境：熔岩礁
海鬣蜥是唯一一种住在海洋环境中的蜥蜴，它们是游泳健将，能潜水20分钟，在海里搜寻海藻吃。它们会爬上陆地，在沙地或火山灰里筑巢产蛋。

犀鬣蜥
分布范围：海地、多米尼加共和国
生境：灌丛
犀鬣蜥又大又重，它们得名于鼻子上长的3~5个角状鳞片。犀鬣蜥居住在毒番石榴和毒漆木的灌丛里。

臼齿蜥
分布范围：中南美洲，后引入佛罗里达州
生境：林间空地
这种敏捷的蜥蜴非常喜欢晒太阳，经常可以看见它们在地面上快速穿梭，四处扫动长长的叉状舌头捕捉昆虫。

湾鳄
分布范围：东南亚、澳大利亚北部
生境：河口、红树林沼泽
湾鳄是世界上体形最大的爬行动物，能长到5.8米长。它们还是最危险的爬行动物，据说每年都会杀死1000多人，甚至能杀掉水牛那么大的猎物。雌性湾鳄会在沙子和树叶堆里产下25~90枚蛋，然后一直守护到小鳄孵出来。

矛头蝮
分布范围：中南美洲
生境：海岸区域
这种大型的毒蛇是蝰蛇家族的一员。蝰蛇的眼睛与鼻孔之间有着热感应的颊窝，它们能用这种器官追踪恒温动物，比如哺乳动物。

沼泽鳄
分布范围：印度次大陆、缅甸
生境：沼泽、湖泊
沼泽鳄是长得最像鼍类（短吻鳄）的长吻鳄，因为它们有着宽而钝的吻部。短吻鳄和长吻鳄的最大不同在于下颌的第四齿是否在嘴并拢时露出。

恒河鳄
分布范围：印度北部
生境：河流
恒河鳄有着细长的吻部，上面长满了100颗牙齿，是完美的捕鱼和捕蛙利器。抓到鱼以后，恒河鳄会把鱼抛到空中，让鱼翻个个儿，方便头朝里地把鱼吞进去。

玳瑁
分布范围：大西洋、太平洋及印度洋
生境：珊瑚礁、热带海域
玳瑁的背甲非常美丽，也因此几乎在人类的猎捕下遭遇了灭顶之灾。如今对于玳瑁的猎捕已经被严令禁止，但是它们依旧面临危机。玳瑁主要吃藻类。

猩红王蛇
分布范围：美国东南部
生境：林地
猩红王蛇是美洲游蛇家族中体形最小的一种，它们无毒无害，但是看起来却非常像剧毒的珊瑚蛇。

科莫多巨蜥
分布范围：科莫多、爪哇岛东部临近的岛屿
生境：草地
科莫多巨蜥是世界上体形最大的蜥蜴，能够长到3米长，可以撂倒鹿和野猪这样的大型猎物。科莫多巨蜥和其他巨蜥一样有着强壮的腿和长长的叉状舌头，这种舌头能够从空气中追踪猎物的气味。世界上仅存大约5000只科莫多巨蜥。

斗篷蜥
分布范围：澳大利亚
生境：雨林
这种蜥蜴脖子周围长着一圈华丽的饰领状皮膜。它们虽然无毒，但是受到威胁时会打开"斗篷"，张大亮红色的嘴，然后一边摆动一边发出嘶嘶声，这样看起来会比实际的样子巨大和危险得多。

枯叶蛇颈龟
分布范围：亚马孙
生境：溪流和湖泊
枯叶蛇颈龟长相非常奇特，这种外形可以让它们隐藏在河床中的枯叶里，当鱼类靠近时大大地张开嘴，吸入大量水，顺便把鱼也吸进嘴里。

黑脊游蛇
分布范围：美国
生境：林地、草地、旷野
游蛇类体形修长，行动敏捷。捕猎时，它们会把头高高抬起，获得更加清晰的视野，瞄准猎物后会飞快地扑过去，然后反复啃咬猎物。黑脊游蛇主要吃蛙类、蜥蜴和鼠类。

棱皮龟
分布范围：全世界
生境：温暖的海域
棱皮龟是世界上体形最大的龟，体重高达350公斤，体长达到2.4米。它们的背甲有别于其他龟类的硬壳，是厚厚的革质，也因此而得名。棱皮龟是游泳健将，能够跨越巨大的距离游弋海洋，跟随着它们的主食水母游动。

黄腹彩龟
分布范围：美国南部、中美洲、亚马孙
生境：缓流河、池塘
黄腹彩龟基本总是在水里待着，时不时爬到水面的浮木上晒太阳。幼年龟吃昆虫、螺和蝌蚪，但成年后却吃植物。

西部棱斑响尾蛇
分布范围：美国西部、墨西哥
生境：岩石峡谷、山坡
这种蛇是在美国造成人类死亡数量最多的蛇。西部棱斑响尾蛇和其他响尾蛇一样，长着角状的尾巴尖，受到威胁时振动发声。它们吃鸟类、小型哺乳动物和蜥蜴。

新疆岩蜥
分布范围：中国、蒙古
生境：沙漠
新疆岩蜥是300多种鬣蜥的一种。它们都有细细的尾巴，长长的腿和三角形的头部，以及凿子状的嘴。新疆岩蜥和其他鬣蜥一样喜欢打洞，寒冷的冬天大部分时间都睡在地下。

地毯蟒
分布范围：澳大利亚、新几内亚
生境：森林、稀树草原
地毯蟒是澳大利亚分布范围最广的蟒。它们身上地毯花纹一样的图案看起来很像枯叶，因此能在落叶堆中隐藏自己。

角响尾蛇
分布范围：美国西南部、墨西哥西北部
生境：沙漠
这种毒蛇有着独特的沙地移动方式，它们并不蜿蜒滑行，而是向两侧甩动身体，只用两个点接触地面前进。这种移动方式能够减少蛇身体与地面接触的范围，还能节省能量。

荒漠夜蜥
分布范围：美国西南部
生境：沙漠
荒漠夜蜥居住在沙漠中的岩石缝或者植物残骸中。它们多见于丝兰和龙舌兰附近，捕食白蚁、蚂蚁、甲虫和蝇类。荒漠夜蜥得名于它们在夜间避开酷热捕食的习性。

白唇曼巴
分布范围：非洲南部
生境：稀树草原、森林
白唇曼巴是一种剧毒的蛇，但是它们攻击性不强，更倾向于逃避危险。白唇曼巴大部分时间都居住在树上，捕食鸟类和蜥蜴。繁殖季节的雄性白唇曼巴会进行仪式性的争斗，以获得雌性的芳心。

缅甸蟒
分布范围：印度
生境：雨林、红树林
缅甸蟒体形巨大，能长到7米长，可以轻易杀死鹿或者野猪。它们会用致命的绞杀能力压扁猎物，然后整个吞下。

大平原石龙子
分布范围：美国、墨西哥
生境：大草原、林地
大平原石龙子有别于其他蜥蜴，它们的雌性非常具有母性，会认真地看守自己的蛋，以及不时地翻蛋，让蛋均匀受热，还会仔细照顾新生幼蜥10天之久。

棕枕柔蜥

分布范围： 澳大利亚南部

生境： 沙漠

棕枕柔蜥是一种大型蜥蜴，有着大大的头和短短的尾巴，以及十分显眼的蓝色舌头。受到威胁时它们会伸出舌头并嘶声叫唤。棕枕柔蜥主要吃昆虫、蜗牛和莓果。

红耳彩龟（巴西龟）

分布范围： 美国东南部

生境： 静水

红耳彩龟是十分受欢迎的宠物龟，每年在龟类养殖场都会繁殖上百万只。它们并不是真的长了红色的耳朵，而是有着红色的眼后皮肤。曾经有红耳彩龟在人类饲养下达到40岁的高寿。

蛇蜥

分布范围： 欧洲东部、亚洲中部和西南部、非洲西北部

生境： 旷野、灌丛

蛇蜥是一种没有脚的蜥蜴，它们的移动方式很像蛇，在受到惊吓时会断掉尾巴迷惑敌人，主要吃蛞蝓和蚯蚓。

扁尾海蛇

分布范围： 印度洋海域、太平洋海域

生境： 热带海岸水域

海蛇是眼镜蛇的亲戚。这个物种的毒性是所有蛇中之最，但主要用来杀死鱼类。扁尾海蛇有扁平的尾巴，可以像桨一样划水。

东方锦蛇

分布范围： 美国东部

生境： 农田、硬木林

这种大型的蛇具有很强的绞杀能力，主要吃鼠类和松鼠。它们攀爬能力很强，经常活动于谷仓和废弃建筑物。

金黄珊瑚蛇

分布范围： 美国东北部

生境： 松林、湖缘

金黄珊瑚蛇具有强大的毒性，能麻痹其他的蛇。它们身上的条纹和色彩与无毒的猩红王蛇很像，但是却有着红色的吻部以及红黄相间的纹路。

东猪鼻蛇

分布范围： 美国东部

生境： 沙地、草地、林地

受到威胁的猪鼻蛇会嘶嘶叫，膨胀身体，并压低头部吓唬敌人。如果这招还不奏效的话，它们会翻身抽搐，吐出舌头装死。

食卵蛇

分布范围： 撒哈拉以南的非洲

生境： 稀树草原

这种蛇是少有的只吃鸟蛋的蛇类，它们能把嘴张得特别大，可以把蛋整个都吞进去。蛋吞下去后，体内特殊的脊椎会压碎蛋壳，里面的蛋液进入胃里，再吐出蛋壳。

牛蛇

分布范围： 美国西部

生境： 松林、大草原、灌丛

牛蛇是大型的绞杀型蛇，主要吃鼠类。受到威胁时，它们会压低头部，大声嘶叫，然后像响尾蛇一样晃动尾巴，紧接着对猎物发动奇袭。冬天时，牛蛇有时会和响尾蛇共享越冬的洞穴。

游蛇

分布范围： 欧洲、亚洲北部、非洲北部

生境： 潮湿草甸、沼泽

游蛇是游泳高手，主要吃蛙、蟾蜍和鱼，但偶尔也会吃小型哺乳动物和鸟。虽然它们的毒液能麻痹小型哺乳动物，但对人类来说却是无害的。它们会生吞猎物。如果在开阔地被人逮个正着，它们会一动不动地装死。

北水蛇

分布范围： 美国东部

生境： 池塘、湖泊、河流

虽然钓鱼爱好者经常怪罪北水蛇吃掉了他们的渔猎，但北水蛇其实主要吃小型鱼类和蛙。春夏季节，它们经常挂在水面上方的树枝上晒太阳。

天堂金花蛇

分布范围： 东南亚

生境： 雨林

天堂金花蛇也叫作飞蛇，它们能够抻开身体在树之间滑翔穿梭，甚至能从高达20米的高空轻柔地降落到地面上。

奥地利滑蛇

分布范围： 欧亚大陆

生境： 干燥多石的地区、石楠荒原

经常被误认为是蝰蛇，但其实是无毒蛇。它们通过绞杀的方式杀死猎物。奥地利滑蛇喜欢在温暖的石头下面躲避日晒。

点斑棱背蛇

分布范围： 澳大利亚北部

生境： 小溪、沼泽

点斑棱背蛇与一些游蛇一样适应了水生生活，它们的眼睛小且朝上，鼻孔旁边还有可以闭合的皮瓣方便潜水。

西部细盲蛇

分布范围：美国西南部

生境：沙漠

这种蛇看起来很像蚯蚓，在眼睛的部位有小黑点，但是并不能视物。它们通过追踪气味信息寻找白蚁和蚂蚁。

扁龟

分布范围：非洲东部

生境：裸岩层

这种龟得名于它又软又扁的壳。受到惊吓时，它们并不会缩回壳里，而是会钻进石头缝里，然后吸气膨大肺部使自己卡在里面。

楔齿蜥

分布范围：新西兰

生境：林地

世界上的两种楔齿蜥都只分布于新西兰，它们是古老类群喙头蜥的后代。楔齿蜥一般到20岁才会开始繁殖。

墨累澳颈龟

分布范围：澳大利亚东南部

生境：河流

这种龟的背甲会随着生长而改变形状，孵化时的龟甲是圆的，然后会从背部开始生长，成年后变成椭圆形。

鳄龟

分布范围：密西西比山谷、美国

生境：深水河流、湖泊

这种龟是体形最大的淡水龟类，它们潜伏在河床上，张开大嘴露出嘴里蠕动的粉色肉芽，吸引鱼儿过来，然后鳄龟会趁机闭上嘴抓住鱼

木雕龟

分布范围：美国东北部、大湖

生境：林地、草甸、沼泽

木雕龟大部分生活都在陆地上度过，它们善于攀爬，主要吃水果、蚯蚓、蛞蝓和昆虫。木雕龟在宠物市场很受欢迎，但是因为被抓得太多，如今在野外数量已经很少了。

希腊陆龟

分布范围：非洲北部、欧洲南部、东南亚

生境：草甸

希腊陆龟的腿上有巨大的肉刺，但除此之外它的长相和欧洲东南部背部高耸的赫曼陆龟非常近似，因此有时候会被认错。

卡罗来纳箱龟

分布范围：美国东部

生境：森林

箱龟的名字来源于具有铰链结构的腹甲，它们可以把壳口折叠成箱状，保护自己不被捕食者伤害。卡罗来纳箱龟主要吃蚯蚓、蛞蝓、蘑菇和水果。盛夏时，它们会把自己埋在泥泞的池塘里降温。

极北蝰

分布范围：欧亚大陆

生境：沼泽、草甸、灌丛

蝰蛇是一类毒蛇，但是它们性情胆小，一般很少咬人类。冬天极北蝰会冬眠，但是温度超过8℃时会醒过来活动。

刺鳖

分布范围：北美

生境：河流、小溪、池塘

刺鳖没有硬质骨背板，而是长着软质的壳。刺鳖游泳能力高强，在沙地上晒太阳的时候如果受到惊吓能快速逃窜。

加拉帕戈斯象龟

分布范围：加拉帕戈斯群岛

生境：多样化

加拉帕戈斯象龟是世界上最大的龟，体重能达到350公斤。它们居住在陆地上，几乎什么植物都吃，尤其喜欢吃仙人掌。加拉帕戈斯象龟的寿命能达到100年，但过去有很多象龟都被出海的水手杀掉吃肉了。加拉帕戈斯群岛上至少演化出13个象龟亚种，这些亚种背甲的体形、体长和外形都各不相同。

潮龟

分布范围：东南亚

生境：多浪的河流

潮龟又叫"巴塔库尔龟"，属于植食性的龟，会在沙堤上挖坑筑巢，一次下50多个蛋。因为以前人们经常挖它们的蛋吃，现在这种龟已经很少了。

蠵龟

分布范围：太平洋、印度洋、大西洋水域

生境：海岸线水域

夏天的繁殖季节夜晚，雌性蠵龟会爬到岸上，在沙丘脚下挖巢，产下大约5巢卵，每一巢都有大约100个蛋。令人惋惜的是，蠵龟的数量由于海岸线开发和渔网的使用而有所下降。

加蓬咝蝰

分布范围：非洲中西部和东南部

生境：雨林、林地

加蓬咝蝰是体形最大的咝蝰，能长到1.8米长。它们行动缓慢，经常趴着等猎物送上门。猎捕对象包括鼠和松鼠，甚至还有小羚羊。

两栖动物

两栖动物和爬行动物一样都是变温动物，但是它们没有鳞片，皮肤由黏液腺的分泌物保湿。大部分两栖动物的生活都开始于水里或者充满液体的卵囊中，并且拥有能在水里呼吸的鳃。随着生长发育，它们会离开水体，成体期间在陆地上度过。世界上约有4780种两栖动物，大部分住在热带，主要分为三种：蛙和蟾（超过4000种）、蝾螈（410种）和蚓螈（165种）。

瞻星蛙

分布范围：南美洲北部

生境：雨林

瞻星蛙也叫"玻璃蛙"，因为它们腹部大部分的皮肤都很透明。这种透明的皮肤使得它们肚子里的各种器官都变得清晰可见。大部分时间瞻星蛙都住在树上，善于攀爬。它们会把卵产在溪流和池塘上方的叶子上，这样蝌蚪孵化后就可以滑到水里，然后在河床的底泥上钻洞。

墨西哥钝口螈

分布范围：墨西哥霍奇米尔科湖

生境：山地湖泊

墨西哥钝口螈的英文名来源于阿兹台克语"水怪物"。这种蝾螈非常独特，它们不会完成变态发育。虽然会长出四条腿，但是一生却都是蝌蚪的状态，甚至会以这种形态繁殖。

二趾两栖鲵

分布范围：美国东南部

生境：沼泽、缓流

二趾两栖鲵看起来很像鳗鱼，但实际上是一种蝾螈。虽然英文名里有"刚果"二字，但它们实际上居住在美国的东南部，而不住在刚果。它们有着细小而失去功能的足，足上有两趾。

科罗澳拟蟾

分布范围：澳大利亚新南威尔士

生境：沼泽、山地

这类蛙有着惊人的黄黑相间纹路，非常容易辨认，但是在它们所分布的雪山生境里只剩下不到300只个体了。

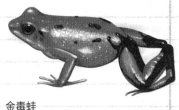

金毒蛙

分布范围：中南美洲

生境：雨林

箭毒蛙家族有100来种，其中大部分都和金毒蛙一样有着十分鲜艳的颜色。它们皮肤的腺体里有着致命的毒液，居住在当地雨林的居民会将这种毒液蘸在箭尖上捕猎。鲜艳的体色可以警告捕食者它们所具有的毒性，因此这些蛙能在白天捕猎。

北美牛蛙

分布范围：北美、墨西哥

生境：湖泊、池塘、缓流溪

虽然体形和小兔子差不多大，但是北美牛蛙却是出色的猎手，它们能吃其他蛙类、小型蛇、鱼类，甚至雀形目鸟类。它们能发出喉音很重的咕噜声。

剑螈

分布范围：北美洲西部

生境：森林里的倒木和石头下

剑螈是一类多样的小型蝾螈，它们的共同特征是狭窄的尾巴基部。如果碰见捕食者尾巴会断掉，两年后还能再长出来。

尖吻达蛙

分布范围：南美洲南部

生境：森林中的冷溪

尖吻达蛙的卵一般由雄性照顾。雌性产卵后，雄性会把十几粒卵含在嘴里，储存在喉部的声囊中直到卵孵化。

南美蚓螈

分布范围：南美洲

生境：一般为森林

蚓螈长得很像蚯蚓，但是实际上是两栖动物，大部分都住在雨林柔软的土壤里，在土里挖洞寻找蚯蚓、昆虫和蜈蚣。

林蛙

分布范围：欧洲北部、亚洲西部

生境：大部分居住在池塘附近

林蛙一般住在陆地上，但是冬天会回到池塘里繁殖。每只雌蛙会产下3000~4000粒包裹胶质的卵，这些蛙卵大量浮在水面上，会聚成巨大的卵团。

无斑雨蛙

分布范围：欧洲、亚洲西部

生境：湖边的树木和灌木

无斑雨蛙是很少几种不住在热带的雨蛙之一，它们善于攀爬，趾上有黏黏的垫子可以粘在树上，主要吃昆虫。

角花蟾

分布范围：南美洲北部

生境：雨林

亚马孙角花蟾（角蛙）拥有长宽相等的肥胖身体，移动速度不快，因此会躲在落叶堆里等待猎物到来。它们的嘴非常之大，甚至能捕捉和自己差不多大的猎物，比如小型蛙和啮齿类动物。它们的"角"是眼上的突起。

沼蛙

分布范围：欧洲东部和南部

生境：淡水

沼蛙体色亮绿，而且一点也不低调，经常坐在睡莲叶子上大声地鸣叫。雄性沼蛙在春天的繁殖期尤其聒噪。沼蛙主要吃无脊椎动物，但也吃小鸟。

红带步行蛙

分布范围：非洲南部

生境：稀树草原

红带步行蛙醒目的红色条纹可以警示捕食者，代表着它们的皮肤味道非常难吃。它们主要吃白蚁和蚂蚁，为了吃饭会爬上树桩和石头，或者在地上挖坑。红带步行蛙繁殖于浅水塘里，将包裹胶质的卵粘在植物上。

鳗螈

分布范围：北美洲中部

生境：河流、湖泊、溪流

鳗螈是夜行的猎手，喜欢在又浅又泥泞的水里寻找螯虾。它们长着大大的羽毛状鳃，能够在水下呼吸，水越泥泞，鳃越大。

洞螈

分布范围：欧洲南部

生境：洞穴中的水体

洞螈是极少的几种完全适应水生生活并且一生都会保留羽状鳃的两栖动物。洞螈居住在完全黑暗的洞穴里，完全没有视力。

囊蛙

分布范围：厄瓜多尔、秘鲁

生境：森林

囊蛙得名于雌性背部具有的囊，雄性在雌性产卵后会把卵包裹在那里。卵孵化后，它会用足把卵转移到水里。

黑掌树蛙

分布范围：东南亚

生境：雨林

黑掌树蛙虽然也叫"飞蛙"，但是它们并不会飞，而是能够在树木之间长距离滑翔。它们足趾之间宽阔的蹼能够像翅膀一样兜住空气，减缓下落速度，优雅地滑到树枝上。据说黑掌树蛙会将卵产在树木高处，用泡沫包裹。

绿红东美螈

分布范围：北美洲东部

生境：池塘（成年）、潮湿的树叶（幼螈）

绿红东美螈在水里孵化，之后会在陆地上以明艳的红色"幼螈"状态生活若干年，然后又回到水中发育为成体。

细蝰尾螈

分布范围：加利福尼亚、俄勒冈州西南部

生境：红木林、草地

细蝰尾螈身体细长，很容易躲在腐烂的倒木和落叶堆里。它们的移动方式很像蛇，会向两侧弯曲身体前进。

豹蛙

分布范围：北美洲

生境：多样化，包括潮湿的草甸

豹蛙得名于它们背上遍布的黑色斑点，它们是适应性很高的生物，几乎可以住在任何近水的生境。

真螈

分布范围：欧亚大陆西部、非洲南部

生境：林地

真螈身上有着极其鲜艳的颜色，警告捕食者它们所具有的毒性。它们居住在森林里，晚上出来捕捉蚯蚓，它们喜爱下雨的天气。

大足短头蛙

分布范围：非洲南部

生境：稀树草原

这种胖胖的蛙也叫"南非雨蛙"，得名于它们喜爱在暴风雨中捕捉昆虫的习性。雨季之外的时间它们则多在地下的洞穴里待着，用后腿挖洞。

隐鳃鲵

分布范围：美国东部

生境：岩床溪流

隐鳃鲵能长到80厘米长，是世界上最大的蝾螈之一，渔民经常会被趴在河床上的它们吓一跳。虽然它们看起来好像有毒，但实际上却没什么杀伤力。它们主要吃螯虾和螺。

疣欧螈

分布范围：欧洲

生境：静水

雄性疣欧螈在繁殖季节会沿着背部长出长长的冠，应该是用来讨好个体更大的雌性。它们会在雌性面前跳一支活力四射的求偶舞，然后排出精子，等着雌性从中间走过去受精。

红土螈

分布范围：美国东部

生境：溪流

红土螈在两岁大时颜色最红，之后会慢慢褪色。与大多数蝾螈类似，它们没有肺，用皮肤呼吸。

斑点钝口螈

分布范围：加拿大南部、美国东部

生境：硬木林

斑点钝口螈住在地下，吃蛞蝓和蚯蚓，但早春雨水丰沛的时候会聚集在池塘里繁殖，并把卵产在水里。

得州河溪螈

分布范围：美国得克萨斯

生境：洞穴水体

得州河溪螈（得州盲螈）是一种很稀少的蝾螈，它们住在洞穴内的水中。这种螈颜色很淡，身体是粉红色，眼睛非常小，还有着羽状的鳃，这些特征是它们完美适应黑暗水下生境的产物。

大鳗螈

分布范围：美国西海岸

生境：浅淡水域

大鳗螈有着长而瘦的身体和细小的前足，看起来很像鳗鱼，但实际上还是一种蝾螈，它们一生都会保留蝌蚪时期的鳃。

三锯拟蝗蛙

分布范围：北美洲东部

生境：池塘和沼泽

三锯拟蝗蛙得名于它们的叫声。早春的新英格兰，它们会在冰面融化后来到池塘里鸣叫。三锯拟蝗蛙十分灵巧，跳跃高度能达到自身高度的 17 倍。

光滑爪蟾

分布范围：南非

生境：池塘和湖泊

光滑爪蟾一生都在水里度过，但是会把眼睛和鼻孔露在水面上。它们游泳能力非常强，能够在水中像鱼类一样快速地前进，甚至能倒着游泳。它们的足趾端部有爪。

大蟾蜍

分布范围：欧亚大陆北部、非洲北部

生境：多样化、一般比较干燥

大蟾蜍是欧洲最大的蟾蜍之一。它们和其他蟾蜍一样有着疙里疙瘩的皮肤以及短短的后腿，白天会躲起来。在寒冷的区域它们会在冬天冬眠，春天复苏进行繁殖。

海蟾蜍

分布范围：中南美洲，后引入澳大利亚

生境：多样化、近池塘

海蟾蜍也叫甘蔗蟾蜍，是世界上体形最大的蟾蜍，重量能达到 1.4 公斤。人们过去将它们引入澳大利亚，用来治理泛滥的甲虫，但后来它们本身却造成了严重的物种入侵。

黄条背蟾蜍

分布范围：欧洲

生境：多沙的区域

黄条背蟾蜍的叫声非常响亮，听起来像一台机器一样，能够传到 1.6 千米之外。它们一般居住在海洋附近，甚至能在咸水里繁殖。

东方铃蟾

分布范围：俄罗斯、西伯利亚、中国

生境：山溪、稻田

东方铃蟾的背部为暗绿色，但受到惊吓时会抬起身，露出明艳的橙黑相间的腹部。它们一般住在水沟或者溪流里，喜欢漂在水面上待着。

约纳无肺螈

分布范围：美国蓝岭山脉

生境：山坡林地

约纳无肺螈有着鲜艳的红色背部。它们得名于最初被发现的地方——北卡罗来纳祖父山的约纳路。

美洲蟾蜍

分布范围：北美洲东部

生境：林地、花园、公园

美洲蟾蜍的背部有一条鲜明的线，全身都覆盖着疣。白天它们不怎么活动，但是到了晚上却很活跃地鸣叫，寻找昆虫和其他小型无脊椎动物。这种蟾蜍春天会在池塘及溪流里繁殖，雌性一般能产下 8000 多粒卵。

产婆蟾

分布范围：欧洲西部

生境：林地

产婆蟾的名字来源于它们的繁殖行为。雌性会产下长长的卵带，而雄性则把这些卵带缠绕在后腿上，之后的一个月随身携带着这些卵，保护它们直到孵化。

哈蒙旱掘蟾

分布范围：美国大平原区

生境：干燥的草原

哈蒙旱掘蟾得名于它们宽阔的后足，能像铲子一样挖掘沙地。它们喜欢干燥的砂质土壤，但如果碰到下雨天，它们会爬到地表繁殖，并把卵产在池塘里，两天之后卵就会孵化。

虎纹钝口螈

分布范围：北美洲、墨西哥

生境：干燥的平原、潮湿的草甸

虎纹钝口螈是世界上体形最大的陆生蝾螈，能长到 41 厘米。它们有着肥硕的身体、宽阔的头部以及小小的眼睛。它们居住在水边的植物残骸里。

鸟类

　　鸟类是空中的霸主，它们在天空中如鱼得水，不论是强有力的猛禽还是轻盈的燕子，都是飞行的高手。但鸟类之所以如此独特，并不是因为具备飞行的能力，而是因为它们身披羽毛。并不是所有的鸟都能飞翔，但却都长有羽毛。世界上有 10000 多种鸟，其中既包含了迷你可爱的蜂鸟，也有硕大的鸵鸟。这些鸟儿居住在几乎所有类型的生境之中，只要头顶有着广阔天空，不论是天寒地冻的南极，还是干旱的撒哈拉荒漠，都有它们的身影。

红翅黑鹂
分布范围：北美和中美洲
生境：草场和沼泽
最近几年以来，红翅黑鹂的数量激增，现在可以算得上是北美数量最多的鸟类之一。这些鸟类的雄性会在繁殖期过后集结成高达百万只的巨大群体。

漂泊信天翁
分布范围：南部的海洋
生境：海洋
漂泊信天翁的翼展长度是世界第一，可以达到 3.4 米。它们可以依靠这对巨大的翅膀在海面上滑翔，几周都不用落地。

双齿拟䴕
分布范围：东非
生境：稀树草原
拟䴕是一类长着大嘴的鲜艳鸟类，它们与啄木鸟和巨嘴鸟的关系很近，主要以水果为食，尤其喜欢榕果和香蕉。

新几内亚极乐鸟
分布范围：新几内亚
生境：雨林
新几内亚极乐鸟与蓝极乐鸟相比毫不逊色，它们有着金黄的头部，还有赤红色的尾羽。繁殖季节到来，它们也会站在树梢上向素雅的雌性展示自己的美貌。

和平鸟
分布范围：从东南亚到美国东南部
生境：山丘林地
和平鸟一生中大部分时间都待在常绿的刺桐树顶端，它们身上有着鲜艳的带蓝色。在东南亚的森林中，经常能听到它们笛子一样的呼哨声，还能看到它们搜寻水果的忙碌身影。

蛇鹈
分布范围：美国至阿根廷
生境：湖泊和河流
蛇鹈是一种长得很像鸬鹚的鸟，它们会潜水捕鱼，用脚做桨，随时准备扎入深水中用尖锐的喙刺穿猎物。

黄喉蜂虎
分布范围：繁殖于欧亚大陆西部，之后前往非洲和中东越冬
生境：开放的林地
蜂虎主要以蜜蜂和胡蜂为食，它们会在空中灵巧地翻飞，用下弯的喙捕捉这些昆虫，然后把猎物在树枝上反复摩擦，去除有毒的蜇针。

绶带长尾风鸟
分布范围：新几内亚
生境：山地森林
雄性绶带长尾风鸟头部有着明艳的绿色羽毛，还长着长达 1 米的带状尾羽，这也是它们打动雌鸟的利器。

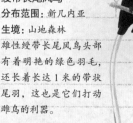

山齿鹑
分布范围：美国东南部
生境：草场、农田、灌丛
山齿鹑的英文名来自雄性在繁殖期所发出的叫声。每年中的大部分时间，山齿鹑会集结成大约 30 只的小群活动，而当春天到来，群体解散，开始配对繁殖。

反嘴鹬
分布范围：繁殖于欧亚大陆，之后前往非洲越冬
生境：泥滩
反嘴鹬与其他鸻鹬不同，它们不会把嘴扎进泥地里探寻食物，而是会边走边低头在浅水里左右摇摆自己的喙，搜寻各种小虫。

蓝极乐鸟
分布范围：新几内亚
生境：山地森林
这只华美的雄性极乐鸟正在树枝上倒吊着，展开所有的羽衣，它在对不那么华美的雌性进行一场非凡的求偶仪式。

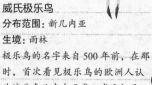

威氏极乐鸟
分布范围：新几内亚
生境：雨林
极乐鸟的名字来自 500 年前，在那时，首次看见极乐鸟的欧洲人认为这些鸟儿来自天堂。威氏极乐鸟与其他极乐鸟一样以水果为食，但也会吃一些昆虫。

缎蓝园丁鸟
分布范围：澳大利亚东部
生境：森林
雄性缎蓝园丁鸟会搭建一个"凉亭"，用来吸引雌性。有的园丁鸟会建造一个环形结构，或者搭小棚子。缎蓝园丁鸟用唾液和水果给树枝上色，搭建可以通行的小径。

虎皮鹦鹉

分布范围：澳大利亚，后引入其他地方

生境：灌丛

这种小鹦鹉是人气很高的笼养鸟，被培育出了各种颜色，而在野外的原始物种则是绿色的。清晨和下午是虎皮鹦鹉的活跃期，它们会成群结队地在地上寻找草籽。

红耳鹎

分布范围：亚洲南部，后被引入美国和澳大利亚

生境：灌丛

鹎是一类以水果和花蜜为食的热带鸟。红耳鹎在有的地方泛滥，被视为害鸟。

雪鹀

分布范围：北极地带

生境：苔原

雪鹀是繁殖区域最靠北的鸟类。雄性的白色繁殖羽与苔原中的白雪相映成趣。雪鹀会躲在雪下面躲避寒冷。

大鸨

分布范围：欧亚大陆北部

生境：干草原

大鸨是世界上体重最大的飞行鸟类。繁殖期之外的时间里，大鸨会集群活动，一起寻找食物。

欧亚鵟

分布范围：欧洲、亚洲、东非

生境：林地、高沼地

欧亚鵟有时会站在树梢上四处观察，寻找猎物，但大部分时候它们都会在树林边缘滑翔，寻觅地上的小型哺乳动物，然后落下扑食。冬天鵟也会吃一些腐肉。

西方松鸡

分布范围：欧洲北部

生境：松林、栎树林

这种长得像火鸡一样的鸟是体形最大的一种松鸡。它们独特的求偶方式广为人知，雄性的求偶叫声会在林间回响。冬天它们喜欢吃松子，夏天则主要吃叶子和水果。

主红雀

分布范围：美国东部

生境：林地、花园、灌木林

主红雀的名字来源于它们罗马教皇红袍一般的红色外衣。它们的分布范围正在向北部延伸，可能与全球变暖有关，如今这些鸟儿会在远达缅因州的地区越冬。

鹤鸵

分布范围：新几内亚、澳大利亚北部

生境：雨林

鹤鸵是大型不会飞的鸟类，它们头部长着巨大的骨质顶盔，在灌丛里寻找水果的时候可以用来开路。

黑顶山雀

分布范围：北美

生境：森林、花园

黑顶山雀体形很小，身上披着又厚又绒的羽毛，能够忍耐阿拉斯加寒冷的冬天。冬季它们主要吃种子和莓果。

草原松鸡

分布范围：美国的大草原

生境：草地

随着栖息地不断缩小，原先数量很多的草原松鸡也变得越来越稀少。雄性草原松鸡春季独特的求偶仪式很出名。

安第斯动冠伞鸟

分布范围：安第斯

生境：林地峡谷

动冠伞鸟是一类色彩鲜艳的鸟儿，它们能轻盈地在雨林峡谷中飞翔。雌性动冠伞鸟会在陡峭的悬崖边筑巢。

葵花鹦鹉

分布范围：新几内亚、澳大利亚

生境：雨林

这种叫声嘈杂的鹦鹉大部分时间都会成群结队地寻找各种水果、种子和昆虫吃。在有的地方，葵花鹦鹉是很受欢迎的宠物，因为它们非常善于模仿人言，但在中国个人饲养是非法的。

走鸻

分布范围：非洲

生境：荒漠、半荒漠

走鸻共包含九个物种，是一类生活在非洲、印度和澳大利亚的荒漠鸟类。它们善于飞翔，但更常见的状态则是在地上一边溜达一边追逐捕捉昆虫，跑累了也会时而休息一下。图片中是分布在非洲的乳色走鸻。

灰鹤

分布范围：繁殖于欧亚大陆北部，越冬于欧亚大陆南部和北非

生境：繁殖期于林地沼泽，越冬于湿地

鹤类都有长长的腿，求偶时会跳起舞蹈，一起转圈，互相鞠躬，并在头上抛接东西。

美洲鹤

分布范围：繁殖于加拿大，越冬于得克萨斯

生境：繁殖于大草原池塘中，越冬于沿岸沼泽

这是世界上最为稀少的鸟类之一，野外仅存不到400只。美洲鹤是机会主义者，取食浅水中和地面上多种多样的动植物。

鸟类

短嘴鸦
分布范围：北美
生境：多样
短嘴鸦是一种适应性很强的鸟，几乎可以适应任何环境，而且什么都吃。雄性短嘴鸦会建造伪装用的假巢穴迷惑捕食者。

大杜鹃
分布范围：繁殖于欧亚大陆，越冬于非洲
生境：农田和荒地
大杜鹃每年3月底会回到北方，雄性响亮的求偶叫声经常是夏天即将到来的第一个标志。杜鹃是有名的巢寄生鸟类，会把自己的蛋产在其他鸟类的巢里，比如鹨和莺的巢。杜鹃的幼鸟孵化后会把其他的蛋推出巢穴，然后享受养父母的饲喂。

大凤冠雉
分布范围：中美洲
生境：森林、灌丛
凤冠雉是唯一会在树上筑巢的雉类。虽然它们会在地面上取食叶子和水果，但受到打扰时会立马飞回到树上。

极北杓鹬
分布范围：繁殖于加拿大，越冬于南美
生境：繁殖于苔原，越冬于潘帕斯草原
以前每当迁徙季节，都能看到巨大群的极北杓鹬一起行动，但是多年以来许许多多的杓鹬被射杀，如今它们已经变得非常稀少了。

美洲河乌
分布范围：北美洲
生境：高地溪流
人们经常会看见这种小鸟把自己的头埋在山溪里，从河床上捕捉昆虫和其他小动物。它们的眼睛上有一层特殊的膜，防止水进入眼睛里。膜闭合的时候河乌的眼睛会变白，它们会用这种方式发出警告。

红喉潜鸟
分布范围：北美、欧亚大陆北部
生境：苔原、泰加林、北极水域
潜鸟是超凡的游泳健将，它们有流线型的身体，还有强壮的带蹼足，可以潜到深达75米的水中。潜鸟身上厚厚的羽毛可以在冰冷的北极水体中保暖。

灰斑鸠
分布范围：欧亚大陆
生境：田地
灰斑鸠是一种很常见的鸟，它们居住在接近人类生境的地区。这些鸟经常捡拾人类丢弃的残羹剩饭，而在自然界中则主要吃种子和莓果。

哀鸽
分布范围：中美洲、北美洲
生境：干燥的草地、荒漠
哀鸽得名于它们哀伤的叫声，它们起飞时，翅膀会发出一种独特的哨声。成年哀鸽会吐出半消化的食物饲喂幼崽，这种食物称为鸽乳。

侏海雀
分布范围：北极、大西洋北部
生境：冰冷的海域
侏海雀繁殖于北极海岸边的岩石上，它们的幼崽经常会沦为鸥类的猎物。侏海雀的飞行能力和游泳能力都很强，主要吃鱼。

绿头鸭
分布范围：北美、欧亚大陆北部
生境：广布
绿头鸭会把头扎进水里取食植物和一些无脊椎动物，它们栖息在湖泊、池塘和河流等水域中。雄性绿头鸭颜色更鲜艳。

鸳鸯
分布范围：欧亚大陆东部，后引入欧洲
生境：林地河流湖泊
雄性鸳鸯是东方绘画中的明星模特，它们有着帆状的橙色飞羽，是繁殖期求偶的利器。鸳鸯在清晨和傍晚最为活跃，它们吃植物和一些昆虫、蜗牛，还有小鱼。

白头海雕
分布范围：北美
生境：湖泊、河流、海岸
白头海雕是美国的国鸟，它们是世界上体形最大的猛禽之一，体长达到1米。曾经因为捕猎和DDT农药的毒害，白头海雕的数量下降到了2000只以下，但如今它们受到保护，数量回升到了大约30000只。

蛇雕
分布范围：印度、东南亚
生境：森林、稀树草原
这种猛禽不容易在雨林中发现，但是当它们在树林上方呼啸而过时，可不容易忽视。与其他的蛇雕属物种一样，它主要以蛇为食，会站在树上寻觅食物，然后突然扑下去用尖锐的爪子抓住猎物。

金雕
分布范围：欧亚大陆、北美、北非
生境：山地、平原、海岸
这是一种最为华美的猛禽，是强大的飞行家。它捕食兔子、旱獭和其他的哺乳动物，低空飞行，出手迅速。金雕在悬崖边上或者树上筑巢，它们会用树枝做出一个巨大的平台巢。金雕现在在很多地方都很少见了。

大白鹭
分布范围：世界广布
生境：淡水湿地
大白鹭是鹭科的鸟类，它们与其他鹭鸟一样有着长长的脖子和强有力的喙，可以像鱼叉一样使用。它们会站在水里守株待兔，或者慢慢地跟踪猎物。19世纪时，上百万的大白鹭被人们猎杀，用它们的羽毛装饰帽子，但它们依旧是广布物种。

游隼
分布范围：世界广布，撒哈拉、中亚和南美除外
生境：山地、海岸悬崖
为了捕捉飞行中的鸟，隼会直升上天空，然后以高达每小时200千米的速度俯冲下来捕捉猎物。

红鹳
分布范围：欧亚大陆南部、非洲、中美洲、加勒比海
生境：潟湖和湖泊
红鹳是一类高挑的粉红色鸟类，它们善于游泳，飞行能力也很强，会汇集成巨大的群体汇集在潟湖和湖泊的水面上。红鹳以小型的甲壳动物为食，而作为鸟类，它们取得这些食物的滤食方式居然与鲸类似。

北鲣鸟
分布范围：大西洋北部
生境：海洋
北鲣鸟擅长潜水，它们在海面上巡视，看见水里的鱼之后，会从高达30米的高空中俯冲下来，入水前将翅膀收拢在身侧，然后一头扎入水中。北鲣鸟的头骨很坚硬，能够承受入水时的冲击。

蓝脸鹦雀
分布范围：大洋洲及周边群岛
生境：雨林
鹦雀是一类与北半球雀类没有血缘关系的梅花雀，它们独自或成对觅食，主要吃树丛里的植物种子。

鹊鸭
分布范围：古北界
生境：夏天在湖泊，冬天在海湾
鹊鸭也被称为哨鸭，它们飞行时翅膀会发出呼哨声。

欧绒鸭
分布范围：北美、欧亚大陆北部、北极
生境：海岸水域
绒鸭的羽毛非常温暖，能够抵御北极的寒冷，人们曾经使用它们的绒羽制作被子。雌性绒鸭会将胸部的羽毛垫在巢里。

紫朱雀
分布范围：北美
生境：林地
非繁殖季节的紫朱雀会大量聚集在一起，跑到农田里觅食种子。而到了繁殖季节，雄性会围着雌性载歌载舞，挥打翅膀婉转鸣叫。

皇霸鹟
分布范围：中南美洲
生境：雨林、雾林
皇霸鹟的身体是不起眼的棕褐色，但是雄性皇霸鹟的头顶却有着鲜艳的冠羽，求偶时会像扇子一样打开。皇霸鹟和其他鹟类习性相似，能够在空中直接捕捉昆虫。

美洲金翅雀
分布范围：北美
生境：林地、田野
这些小小的雀形目鸟类经常成群在路边的蓟上觅食，车子开过时会飞起来转圈。它们会用马利筋和蓟类植物的绒毛衬垫巢内侧。

鸸鹋
分布范围：澳大利亚
生境：树丛
鸸鹋是仅次于鸵鸟的世界上第二大鸟类，它们完全没有飞行能力，行走于灌丛间寻找食物，每年能够走到1000千米的距离。

斑胸草雀
分布范围：澳大利亚及周边岛屿
生境：林地、灌丛
斑胸草雀非常宅，不爱动，只有饿了时才落到地上寻寻觅觅。它们与其他草雀一样，用草和小树枝建造带穹顶的鸟巢。

黑腹军舰鸟
分布范围：印度洋、太平洋
生境：温暖的海洋
军舰鸟是杰出的飞行家，它们的翼展可以达到将近2米长。但军舰鸟同时也是海鸟中的强盗，它们会袭击其他鸟类，抢夺它们的猎物。

加拿大黑雁
分布范围：北极、北美，后引入欧洲
生境：湿地
加拿大黑雁在北方繁殖，而秋天则会向南迁徙，每年都遵循同样的迁徙路线。它们吃水生和陆生植物的茎叶。

鸟类

淡色歌鹰
分布范围：非洲南部
生境：荒漠、半荒漠
这是一种体形较小的歌鹰，常见于纳米布沙漠，喜欢在树上栖息，或者在地上溜达，经常会被误认成蛇鹰。它们会比其他的猛禽花更多时间在地面上，这种习性可能是为了节省能量，它们还能快速地追逐猎物。

凤头鸊鷉
分布范围：欧洲、欧亚大陆南部、非洲南部、澳大利亚
生境：平静的淡水域
很少有鸟类具有像凤头鸊鷉一样繁复的求偶仪式。繁殖季节的雌雄凤头鸊鷉都会长出暗色的头部繁殖羽，在进行求偶舞蹈时像扇子一样张开。它们的舞蹈包含了对称的摇摆、潜泳以及出水后将胸部碰在一起互相赠送水草的动作。

斑嘴巨鸊鷉
分布范围：北美和南美
生境：沼泽和池塘
斑嘴巨鸊鷉是非常厉害的潜水高手，它们潜泳的速度极快，人称"地狱潜水员"。碰到捕食者时，它们能够沉到水里，只露出喙尖和鼻孔。

松雀
分布范围：北美洲、欧亚大陆北部
生境：针叶林
松雀是大型的雀类，主要以莓果和花苞为食。分布范围靠北的松雀会大量向西南部迁徙越冬，而分布靠南的则是留鸟。

黑琴鸡
分布范围：欧亚大陆北部
生境：旷野、森林
黑琴鸡有非常著名的求偶仪式，雄性会凶巴巴地跳来跳去，而雌性则会一脸冷漠地穿行于它们之间。

大黑背鸥
分布范围：北大西洋沿岸
生境：海岸及附近的内陆
大黑背鸥是一种身强体壮且比较凶猛的鸥类，有着略呈钩状的嘴。它几乎什么都吃，比如蟹类、鱼类甚至海鹦等小型海鸟，也会吃鼠等哺乳类。

银鸥
分布范围：北半球热带地区以北
生境：海岸、内陆
银鸥并不主要以鱼类为食，吃得更多的反而是虾蟹等节肢动物。它们还学会了翻垃圾桶，现在已经在很多地方适应了城市生活。

草原鹞
分布范围：欧洲、中亚
生境：平原、泥沼、高沼
体形瘦长的草原鹞和鹞鹰都是在地面或灌丛筑巢的猛禽。它们捕捉小型的哺乳动物，比如跳鼠，也吃鸟类和蜥蜴。捕猎时会贴着地面飞行。戈壁沙漠的冬天对于鹞来说太冷，所以它们会在秋天迁徙到印度去。

红尾鵟
分布范围：北美、中美、加勒比海
生境：多样，一般在树木附近
红尾鵟能够适应从沙漠到高山草甸的各种环境。它们是强大的猎手，会捕捉兔子、蛇还有蜥蜴等各种猎物。虽然红尾鵟一般会从高高的树梢上俯冲捕食，但也能够在低空捕猎，甚至悬停。

大蓝鹭
分布范围：北美、南美
生境：河流、沼泽、湿地
大蓝鹭是美洲体形最大的鹭，是让猎物闻风丧胆的猎手。捕食时，它们会像雕塑一样站在浅水中寻觅鱼和蛙，找到猎物后像闪电一般用尖锐的喙出击。不过有时候大蓝鹭也会积极地捕猎，拍打着翅膀冲过水面。它们成群地在树上筑巢。

麝雉
分布范围：亚马孙、奥里诺科
生境：热带雨林
麝雉有着长长的颈部和刺状的冠羽，长相非常奇特，它们会蹒跚地穿行于树木之间，不经常使用翅膀。雏鸟的翅膀上有爪，四处探索时能够钩在树枝上。这些爪和始祖鸟的爪很相似。受到惊吓时，麝雉宝宝会松开手落到地上，等危险过后再爬出来。成年麝雉住在树上，吃叶子。

紫旋蜜雀
分布范围：特立尼达岛、热带南美洲
生境：热带雨林
旋蜜雀以水果为食，尤其喜欢香蕉，但它们也会用长长的弯喙吸食雨林里花朵中的花蜜。雄性紫旋蜜雀有着耀眼的紫罗兰色，而雌性则是深绿色。紫旋蜜雀的巢是杯状的，建在树上。

戴胜
分布范围：欧亚大陆、非洲
生境：林地、草地
戴胜筑在树洞和墙洞里的巢非常臭，也因此远近闻名。这种味道可能是用来驱逐捕食者的，但是戴胜还是免不了沦为隼类的美餐。

双角犀鸟
分布范围：南亚
生境：热带雨林
双角犀鸟是一种体形很大的犀鸟，它们头顶上的"盔"结构可以扩大号角一样的叫声。双角犀鸟飞行时翅膀振动发出的声音非常巨大，以至在800米外都能听得见。它们居住在雨林的树冠层里，主要吃水果。

红脸地犀鸟
分布范围：非洲南部
生境：稀树草原
红脸地犀鸟与其他犀鸟不同，它们一般在地面上生活，吃小型的动物而不怎么吃水果。猎物一般都是在巡视领地时捕捉到的。

棕灶鸟
分布范围：南美
生境：树木

棕灶鸟的名字来自它们独树一帜的巢，是用湿泥巴和干草制作的。灶鸟英文名里的"Hornero"一词来自西班牙语，是面包师的意思，因为它们的巢看起来就像老式的面包烤炉一样。

吸蜜蜂鸟
分布范围：古巴
生境：森林

蜂鸟都是体形迷你、宝石般闪耀的小生灵，它们以花蜜为食，能够在取食时悬停。吸蜜蜂鸟是世界上体形最小的鸟，还没有人的大拇指大。

红喉北蜂鸟
分布范围：繁殖于北美，越冬于中美
生境：林地

这种体形纤小、色彩鲜艳的蜂鸟在迁徙时能跨越墨西哥湾，飞越长达800千米的距离。

剑嘴蜂鸟
分布范围：安第斯山脉
生境：灌木丛生的山坡

这种蜂鸟长有比例最长的喙，能够深深扎入花朵里面，休息时它会将喙垂直放置。

彩鹮
分布范围：欧亚大陆南部、非洲、澳大利亚、加勒比区域
生境：沼泽、湖泊

这种带有金属光泽的美丽鸟类是分布范围最广的一种鹮，居住在世界上各种湖泊里，经常集成大群。它们会用长长的喙从泥巴里挑出昆虫和其他水生生物吃。

隐鹮
分布范围：摩洛哥、土耳其
生境：山脉、沙漠

隐鹮曾经广布于欧洲南部和中东地区，但是可能由于气候的变化，它们的数量变得非常稀少，仅在土耳其和摩洛哥进行繁殖。

棕尾鹟䴕
分布范围：中南美洲
生境：雨林

鹟䴕家族包含17个色彩鲜艳的物种，它们栖息在树枝上寻找昆虫。棕尾鹟䴕一般成双成对或形成家庭活动，它们哀伤的叫声经常响彻雨林。雌性鹟䴕繁殖时会挖掘洞穴，然后产卵孵化。

肉垂水雉
分布范围：美国南部、中美洲
生境：植被丰富的淡水域

水雉家族共有8个物种，它们的脚趾非常修长，可以在行走时分散体重，因此当它们踩着水草或睡莲行走时，看起来仿佛会轻功水上漂一般。因此水雉也有一个外号叫作"莲行者"。

冠蓝鸦
分布范围：北美洲东部
生境：树林、公园

冠蓝鸦是一种经常出现在花园里的鸟类，它们在那里寻找种子和坚果吃。有时候，冠蓝鸦会把自己收集到的坚果埋起来以便储备越冬。虽然如此，分布比较靠北的冠蓝鸦还是会向南飞越冬。冠蓝鸦也吃一些昆虫。每当有蛾类繁殖爆发时，它们都过得很滋润。

原鸡
分布范围：亚洲东南部
生境：森林

原鸡是家鸡的祖先，它们住在森林的边缘，在那里用脚刨地寻找种子和昆虫。原鸡的雄性和家鸡的雄鸡一样，打鸣声非常吵人。它们一般在每年3~5月的旱季繁殖后代。

红隼
分布范围：欧亚大陆、非洲
生境：开阔的田野等

红隼是一种小体形的隼，主要捕食啮齿类动物和昆虫。它们的视力非常犀利，能够在开阔地上悬停，一边拍打翅膀一边寻觅猎物。一旦看准了猎物，就会悄无声息地俯冲下去。红隼悬停前需要一阵风进行引导，算是体形最大的悬停鸟类之一了。它们一般会在窗台或是别的鸟废弃的巢穴里繁殖。

萨克森极乐鸟
分布范围：新几内亚
生境：雨林

萨克森极乐鸟的命名是为了纪念曾经探索新几内亚雨林的自然科学家。这种极乐鸟乍看上去相貌平平，但是却在头后面拖着两条丝带一般的长冠羽。求偶的雄性萨克森极乐鸟会站在高高的树杈上，竖起这两片羽毛，上下跳跃，膨胀起背部的羽毛，同时发出嘶声。当雌性接近时，这些羽毛会收拢回来，然后雄性跟随着雌性进行交配。

鸟类

东王霸鹟
分布范围：繁殖于北美，越冬于南美
生境：有树木的开阔田野
东王霸鹟十分看重自己的领地，会主动雨点般地攻击比自己体形还大的鸟类，比如猛禽。它们甚至会迎击人类的飞行器。

白腹鱼狗
分布范围：繁殖于北美，越冬于加勒比区域
生境：这种翠鸟喜欢站在水边的枝头上寻觅鱼类，然后冲下去抓住它们。不过有时候它们也会在水面上悬停。白腹鱼狗也会吃蛙和蟹类。

栗鸢
分布范围：印度、中国南部、东南亚、澳大拉西亚
生境：近水区域、海岸
这种鸢主要吃蛙、蟹、蛇、鱼类、昆虫以及一些腐肉。它们也会翻人类的垃圾找饭吃。

笑翠鸟
分布范围：澳大拉西亚
生境：有树木的开阔田野
笑翠鸟奇特的叫声非常出名，它们居住在澳大利亚东部，是翠鸟家族中体形最大的，但是主要吃蜥蜴、蛇、小型哺乳动物和蛙类，一般不太吃鱼。笑翠鸟会叼着猎物往石头上摔死吃掉。

凤头麦鸡
分布范围：欧洲、非洲、亚洲
生境：草地、田野、沼泽
麦鸡能够用翅膀发出噼啪声。凤头麦鸡与其他麦鸡不同的是，它们主要住在潮湿的牧场里，并不喜欢离水太近。繁殖季节雄性会用奇特的动作冲上天空，然后再落下地来。

漠百灵
分布范围：非洲、中东至印度西北
生境：荒漠
漠百灵居住在亚洲西南部及印度至撒哈拉的温暖荒漠地带，它们会挨着草丛或者岩石筑巢。漠百灵的羽色具有非常强的伪装效果，与沙子的颜色近似。在沙子颜色较深的区域居住的漠百灵颜色较深，而住在白沙区域的漠百灵颜色则较浅。

秧鹤
分布范围：美国南部、中南美洲、加勒比区域
生境：沼泽
秧鹤是一种和鹤很相似的沼泽鸟类，它们会将喙插到泥里摸索螺类。在过去的一个世纪里，秧鹤被人类捕捉得几近灭绝，但是现在已经受到了法律的保护。

黄喉长爪鹡鸰
分布范围：撒哈拉以南的非洲
生境：潮湿的草地
长爪鹡鸰与鹨和鹡鸰的关系很近，它们与这些亲戚一样会在地面上觅食昆虫。长爪鹡鸰得名于它们长达5厘米的爪子。它们成对生活，经常会在飞行的过程中冲向草地捕捉昆虫。

普通潜鸟
分布范围：北美、欧亚大陆极北
生境：湖泊、海岸
潜鸟被誉为"极地的鹏鹏"，它们非常适应于水下游泳的生活。走上地面的潜鸟显得十分笨拙，因为它们的足位置非常靠后，是适应了划水前进的特征。

彩虹吸蜜鹦鹉
分布范围：澳大利亚东部至巴厘岛西部
生境：森林、花园
吸蜜鹦鹉与其他鹦鹉不同，它们不吃水果和种子，而是直接用舌头舔舐花蜜和花粉。彩虹吸蜜鹦鹉会在破晓之后启程，前往树林里觅食，叫声嘈杂。

华丽琴鸟
分布范围：澳大利亚东南部
生境：山地森林
琴鸟的名字来自它们竖琴一般的尾羽。它们是地栖的鸟类，但是会跳到树上休息。交配之前，雄鸟会在地上堆一个土堆，然后站在上面跳舞，展开尾羽吸引雌性。

金刚鹦鹉
分布范围：中南美洲
生境：森林、稀树草原
金刚鹦鹉是体形最大的鹦鹉。它们颜色非常鲜艳，在高高的树上觅食种子和果实。虽然金刚鹦鹉这个物种是所有金刚鹦鹉中最为常见的，但是由于森林砍伐和宠物贸易，它们的数量正在减少。

黑嘴喜鹊
分布范围：欧亚大陆、北美、非洲北部
生境：有树木生长的开阔田野
喜鹊非常好动，喜爱吃昆虫、蜗牛、蛞蝓和蜘蛛。它们有时候会从别的鸟巢中盗取卵和雏鸟吃。近些年来，喜鹊越来越多地见于城市地区。

线尾娇鹟
分布范围：热带南美洲
生境：雨林、植被生长地区
娇鹟体形很小，颜色鲜艳，一般以昆虫和水果为食。它们喜欢潮湿的雨林树冠，或者略低于树冠的区域，但是也能在林间空地和可可田里见到它们的身影。

崖沙燕
分布范围：繁殖于欧亚大陆和北美，越冬于南美、非洲、东南亚
生境：陡峭的砂石岩壁
崖沙燕和家燕一样一边飞一边捕捉昆虫吃，它们能把嘴张得非常宽大，将昆虫罩进去。不过，崖沙燕的飞行姿势与家燕相比显得不那么优雅。

东草地鹨
分布范围：繁殖于北美，越冬于南美
生境：大草原、农田
东草地鹨哨声一般的歌声是大草原春季最早的鸟鸣。它们在地面上筑巢，用尖尖的喙在草地里寻觅蝗虫、蚂蚁和蚯蚓。

红胸秋沙鸭
分布范围：繁殖于北美洲和欧亚大陆北部，越冬于北美洲和欧亚大陆南部
生境：海岸及内陆水域
秋沙鸭有着锯子一样的喙，喙上的锯齿有助于它们抓紧捕到的鱼。它们在地面上的浅坑里筑巢，里面垫着草、叶子和绒羽。

小嘲鸫
分布范围：北美
生境：开阔的林地和花园
嘲鸫是不知疲倦的歌唱家，经常没日没夜地唱歌，它们会模仿听到的各种声响，包括电话铃声和蛙鸣声。曾经有人在一只嘲鸫身上录下过39种不同的鸟鸣和50种其他声响。

黑水鸡
分布范围：世界广布，澳大利亚除外
生境：沼泽和湿地
黑水鸡是一种小而温驯的鸟，它们游泳技术优良，也能在地面上觅食。

美洲夜鹰
分布范围：繁殖于北美，越冬于南美
生境：草地、荒漠、开阔林地
夜鹰叫鹰但并不是鹰。每当黎明和傍晚时分，它们会启程用大大的嘴捕捉昆虫。

欧歌鸫
分布范围：繁殖于欧亚大陆，越冬于非洲
生境：林地、灌丛
鸫歌鸫叫声婉转，非常著名，经常在黄昏和黎明时鸣唱，甚至夜里也会唱歌。它们的羽色是低调的褐色，不容易被发现。欧歌鸫主要在林地地表浓密的植被中觅食，吃蚯蚓、莓果等食物。它们不太爱飞，主要靠跳跃移动。

欧夜鹰
分布范围：繁殖于欧亚大陆，越冬于非洲
生境：开放的田野、林地、沙丘
白天的时候，夜鹰会一动不动地趴在地面的叶子上，看起来仿佛隐身了一般。到了傍晚它们才起飞，用宽阔的大嘴捕捉蛾子。

蓝顶翠鸲
分布范围：中南美洲、加勒比区域
生境：雨林等植被丰富的区域
翠鸲居住在植被茂密的森林地表，它们会对昆虫、蜘蛛和蜥蜴发起奇袭。这些鸟经常在低矮的枝头上休息，尾巴像钟摆一样来回摆动，同时等待猎物。它们在洞穴里筑巢。

金黄鹂
分布范围：繁殖于欧亚大陆，越冬于非洲、印度
生境：森林、果园
这种明黄色的鸟类不太容易被发现，它们喜欢隐藏在树叶中，极少落到地上，飞行方式迅速而敏捷。求偶的雄性会在树木间高速追逐雌性。

鹗
分布范围：世界广布
生境：湖泊、河流、海岸
鹗也被称为"鱼鹰"，它们几乎只吃鱼，会在水面上的高空中翱翔，看到鱼的时候迅速俯冲到水面，双脚在水中激起水花并紧紧抓住鱼儿。出水后的鹗抖动羽毛甩掉水珠，然后将鱼儿带回树枝搭建的巢里。

非洲鸵鸟
分布范围：非洲
生境：稀树草原
鸵鸟是世界上体形最大的鸟，它不能飞，但是奔跑速度却能够达到时速70千米，而且能够持续奔跑35千米的距离。繁殖期，数只雌性鸵鸟会在同一个地面巢里产卵，一个巢里的卵可以达到30枚。

鸟类

仓鸮
分布范围: 除亚洲北部以外世界范围分布
生境: 开放的田野
仓鸮的面盘呈明显的心形,因此十分好辨认。白天它们会在谷仓之类的地方休息,晚上捕食啮齿类动物。它们在低空安静地飞行,然后迅速扑食猎物。

雪鸮
分布范围: 加拿大、格陵兰、欧亚大陆北部
生境: 苔原、海岸
雪鸮居住在北极地区,它们白色的羽毛能够完美融入雪原环境中。雪鸮白天出猎,主要捕捉旅鼠、兔子和小型鸟类。五月中旬左右,雪鸮会在地面上挖个浅坑筑巢,巢里垫满苔藓和羽毛。

北森莺
分布范围: 繁殖于北美洲东部,越冬于中美洲和加勒比地区
生境: 松树林(夏季)、混交林(冬季)
这种偏蓝色的莺平常会在枝条上跳来跳去寻觅昆虫吃,尤其是毛虫。它们的巢是用悬挂的地衣做成的。

褐鹈鹕
分布范围: 美洲
生境: 海岸
褐鹈鹕与近亲白鹈鹕不同,它们在海里觅食,不过嘴上也长着能够用来盛鱼的皮囊。褐鹈鹕捕鱼时会从15米的高空将翅膀背在身后俯冲到水里抓鱼。胸部的气囊可以在入水时起到缓冲的作用。

东美角鸮
分布范围: 北美洲东部
生境: 林地和湿地
猫头鹰(鸮)有着令人称奇的精准导向听力和犀利的视力,它们能在漆黑的森林里定位到猎物,主要是一些夜行的哺乳动物。在林地中栖息的猫头鹰包括仓鸮、美洲雕鸮和凶猛的东美角鸮。东美角鸮能发出独特而神秘的升降哨声。

蛎鹬
分布范围: 繁殖于欧亚大陆,越冬于非洲和亚洲南部
生境: 海岸、河口
这种外貌独特的水鸟有两种捕食方式:用长长的喙拖出沙子里的蠕虫(沙蚕等),或者直接在带壳软体动物身上啄个洞吃肉。蛎鹬求偶时会焦虑地一边踱步一边发出尖锐的叫声,可以说是鸻鹬中最为聒噪的了。

刚果孔雀
分布范围: 刚果、非洲
生境: 雨林
刚果孔雀是非洲体形最大最华美的猎禽,1936年才被发现。这种鸟是亚洲之外分布的49种雉类之一。虽然它看起来和亚洲的孔雀很像,吃的东西也类似(昆虫和水果),但是它们的繁殖方式却非常不同。雄性和雌性刚果孔雀长得都非常华丽,而且会形成终身伴侣。

阿德利企鹅
分布范围: 南极
生境: 海洋、岩石海岸
如果不算帝企鹅,阿德利企鹅算得上是居住得最靠南极的鸟类。夏天它们会在海岸线上没有结冰的区域聚集成巨大的种群。南极的夏天非常短暂,以至整个种群中的所有雌性都会集中在11月的两天中产卵。

长耳鸮
分布范围: 北美、欧亚大陆北部、非洲北部
生境: 针叶林
长耳鸮只在夜晚捕猎,能够用长长的耳羽捕捉鼠类发出的声音,而它的亲戚短耳鸮却多在天还亮着的时候捕猎。

非洲灰鹦鹉
分布范围: 非洲中部
生境: 稀树草原、低地森林
非洲灰鹦鹉会聚集在林缘以及河间小岛中栖息,日出时双成对地飞走寻找种子、坚果和水果,以及油棕的果实。非洲灰鹦鹉善于学习别的声音,有人曾经教会它们学会了750个单词。

蓝孔雀
分布范围: 原生印度、斯里兰卡
生境: 森林、农田
如今全世界的公园和花园都可能见到蓝孔雀的身影。雄性的孔雀是世界上最好看的鸟类之一,它们长长的尾上覆羽能长到150厘米以上,并且能够展开成巨大的扇形。

王企鹅
分布范围: 亚南极、马尔维纳斯群岛
生境: 海洋,繁殖于海岸线
王企鹅是体形最大的企鹅之一,它们站立时身高达到1米,仅比帝企鹅要矮一些。它们还是潜水深度最大的企鹅之一,能够潜到45米深的水中追逐鱼类和乌贼。

小蓝企鹅
分布范围：新西兰、澳大利亚

生境：海岸

小蓝企鹅是体形最小的企鹅，身高不到41厘米，另外也是少见的在太阳落山后还活动的企鹅。

水鹨
分布范围：繁殖期于欧亚大陆，越冬期于东南亚、东亚

生境：繁殖期于山脉，越冬期于低地

鹨是一类在地面上筑巢的小型鸟类。水鹨主要繁殖于山地林缘线以上，一般靠近湍急的溪流，有时候也会挨着雪中的冰川筑巢。

林鸱
分布范围：加勒比海、中南美洲

生境：林缘、农田

林鸱与夜鹰亲缘关系很近，外表长得也很像，但是它们抓虫子的方式却和鸱更像一些——突然从栖息的树枝上冲出去。但是林鸱也有和夜鹰相似的地方，它们一般在夜里捕食，白天则站在树枝的断茬上睡觉。

红嘴奎利亚雀
分布范围：撒哈拉以南的非洲

生境：稀树草原

红嘴奎利亚雀可能是世界上数量最多的鸟类，它们会聚集成云一样巨大的群体，其中个体数量高达10万只。因为红嘴奎利亚雀会毁坏庄稼，它们经常遭到猎捕。

暴风海燕
分布范围：大西洋、地中海

生境：海洋

暴风海燕是欧洲体形最小的海鸟，人们认为暴风海燕会通过跟踪船只的方式警告水手风暴的来临，而事实上它们可能只是想要吃船只掀起的浪花带来的鱼儿而已。

榴红八色鸫
分布范围：缅甸、苏门答腊、婆罗洲

生境：多沼泽的森林

八色鸫是一类长得很像鸫的，身材短粗的热带鸟。榴红八色鸫居住在多沼泽的森林里，奔跑于森林的地表寻觅蚂蚁、甲虫和其他昆虫，也吃一些蜗牛和水果。

岩雷鸟
分布范围：大西洋、北美极北

生境：苔原

雷鸟是鸡形目的鸟类，但是居住在极北区域。冬天它们的羽毛几乎会变成全白，与白雪相映成辉。

北极海鹦
分布范围：大西洋北部

生境：岩石海岸

北极海鹦有着大而鲜艳的喙，看起来很像鹦鹉，因此得名"海鹦"。它们一次能捕捉高达十条小鱼，能全部叼在嘴里，然后再吞下去。海鹦喜群居生活，它们会在悬崖上找松软的地方挖浅洞繁殖。

凤尾绿咬鹃样貌非凡，它们居住在热带雨林的下层，有着绿宝石和红宝石般的体羽，但除此之外更夺眼球的则是它们长达60厘米的尾羽，曾经十分受玛雅人和阿兹台克人的青睐。不过虽然相貌醒目，凤尾绿咬鹃却很不容易被发现，因为它们会一动不动地待上好长时间。它们主要吃水果和昆虫。

凤尾绿咬鹃
分布范围：中美洲

生境：高海拔雨林

雉鸡
分布范围：原生于亚洲中部和东南部，后引入世界范围

生境：林地、林缘、荒野

世界上共有49种雉类，雉鸡就是其中之一，许多雉类的鸟都来自亚洲。

美洲金鸻
分布范围：繁殖于北美及亚洲极北，越冬于南美洲和亚洲

生境：苔原、草原

这种鸻每年都会进行长途的迁徙，迁徙距离单程达到13000千米，是陆地鸟类迁徙之最。

维多利亚凤冠鸠
分布范围：新几内亚及临近岛屿

生境：雨林

体形最大的鸽子就是凤冠鸠了，差不多和家鸡一样大小。凤冠鸠的头顶上有十分华丽的羽冠，它们住在雨林里，吃掉在地上的水果。

北美小夜鹰
分布范围：繁殖于北美北部，越冬于北美南部

生境：繁殖于开放林地，越冬于沙漠

北美小夜鹰是极少见的以接近冬眠的状态越冬的鸟类，它们的心跳会放慢，体温从41℃降到18℃。

珠颈翎鹑
分布范围：美国西部

生境：灌丛、农田

珠颈翎鹑外貌华丽，头顶上的一丛羽毛十分具有辨识特征。它们主要吃树叶、种子和莓果。繁殖季节珠颈翎鹑会集成小群一起觅食，但冬天则会集结成巨大的群体，用群体的力量防御捕食者。

红脚鹬
分布范围：繁殖于欧洲、中亚和东亚，越冬于欧洲南部、北非和东南亚

生境：繁殖于沼泽和泥沼，越冬于泥滩和沙滩

红脚鹬是"沼泽里的哨兵"，它们会发出尖锐的笛声，预警入侵者的到来。红脚鹬适应了各种海岸环境，一般吃虾子、螺以及栖息于表层的环节动物。

大美洲鸵

分布范围：南美洲

生境：草地

美洲鸵是美洲体形最大的鸟。它们与非洲的亲戚鸵鸟一样，完全失去了飞翔的能力，雌性也与鸵鸟一样共同孵卵。

走鹃

分布范围：美国西南部

生境：沙漠及半沙漠

走鹃虽然是一种鹃，但大部分时间却都在地面上度过。虽然它们也会飞，但是却更喜欢跑来跑去，奔跑时速能达到25千米。它们用翅膀和尾巴平衡身体，能够游刃有余地在障碍物之间穿梭。走鹃主要吃蟋蟀和蝗虫之类的昆虫，会用猛烈的啄去杀死猎物。它们在多刺的灌丛或者仙人掌丛中筑巢。

旅鸫

分布范围：中美和北美洲

生境：林地、花园

旅鸫最早是一种林地栖息的物种，但却逐渐在城市花园中繁衍生息起来。一般可见于草坪和花圃中，用力把蚯蚓从土里拽出来。

欧亚鸲

分布范围：欧亚大陆

生境：林地、花园

欧亚鸲有着明艳的红色胸脯，因此虽然体形小也很容易分辨。不过它们胆子不小，经常会跟着挖地的园丁蹭翻起来的蚯蚓吃。欧亚鸲还有很强的领地意识，会守护自己的地盘不让其他的鸲靠近。

红玫瑰鹦鹉

分布范围：澳大利亚

生境：生境多样，包含林地、公园等

红玫瑰鹦鹉生活的地区鹦鹉物种众多。这些鹦鹉居住在澳大利亚东南部的桉树林里，但是逃逸的家养宠物鹦鹉已经在新西兰和惠灵顿的公园里形成了稳定种群。绿背玫瑰鹦鹉居住在塔斯马尼亚，红尾绿鹦鹉则在两地之间迁徙，夏天于塔斯马尼亚繁殖，而冬天又回到澳大利亚大陆越冬。

毛腿沙鸡

分布范围：中亚

生境：沙漠草原

毛腿沙鸡体形圆胖，地栖，大小和鸽子差不多。它们飞行能力很强，但是主要在地面上找种子吃，还适应了沙漠的严酷环境。

黑腹沙鸡

分布范围：欧亚大陆

生境：林地、花园

黑腹沙鸡对水的需求很大，晚上它们在开阔地上集小群休息，清晨则出发寻找水源，有时候不同群体还会为争夺水源大打出手。小沙鸡孵出来后，亲鸟会用胸脯上的羽毛吸满水，然后带回去给幼鸟喝。

蛇鹫

分布范围：撒哈拉以南的非洲

生境：稀树草原

蛇鹫虽然看起来不像鹰，其实却是和鹰一样的猛禽，但它们却有着非比寻常的长腿，每天能够走30千米的路。它们会用这双长腿追逐猎物。

红腿叫鹤

分布范围：南美洲

生境：草地

这种鸟很少飞，它们会低下头高速奔跑来御敌。叫鹤是捕食者，主要吃蛇，有的农民会把它们当看门狗使唤。

白鞘嘴鸥

分布范围：亚南极、南佐治亚、福克兰群岛

生境：海岸

白鞘嘴鸥是清道夫鸟类，几乎会吃它能找到的一切食物。它们会流连企鹅聚居地附近，吃企鹅尸体、粪便和内脏，或者直接偷企鹅宝宝和蛋吃。它们甚至会吃海草，只为了尝到上面爬着的无脊椎动物。

灰伯劳

分布范围：繁殖于北美和欧亚

生境：多样

伯劳是主要吃昆虫的雀形目鸟类。它们有个外号叫"屠夫鸟"，因为有时候会把捕到的猎物在尖刺上"挂腊肉"，留着以后再吃。

白尾尖镰嘴蜂鸟

分布范围：中美及南美洲

生境：热带雨林

白尾尖镰嘴蜂鸟体形很小，有着弯曲细长的喙，能够插到赫蕉和盔兰的花里吸蜜，吸蜜时会用爪子抓在花朵上。

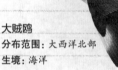

大贼鸥

分布范围：大西洋北部

生境：海洋

贼鸥又大又壮，居住在北大西洋的冰冷海面上。它们可不只会偷盗其他鸟儿的猎物，也会捕杀海雀和鸥类，甚至吃它们的蛋。

家麻雀

分布范围：欧亚大陆，后引入世界范围

生境：农田、城市

家麻雀是一种适应性非常强的小鸟，在1850年，有人把几只家麻雀带到了纽约，如今整个美国都能看到家麻雀了。

歌带鹀

分布范围：北美

生境：灌丛

这种鹀是美国本土雀类最为广布的一种，在不同地区分化出了不同的亚种，每个亚种都有独特的歌声。种群数量最大的是阿留申群岛的北部歌带鹀。

紫翅椋鸟

分布范围：欧亚大陆，后引入世界范围

生境：农田、郊区

椋鸟是城市中最常见的类群之一，它们在晚上睡觉前常常聚集成巨大的群体飞行。冬天椋鸟会到郊区觅食，太阳下山时则回到城市找地方休息。

红簇花蜜鸟

分布范围：非洲中部

生境：山地

太阳鸟和花蜜鸟好比是非洲和亚洲的蜂鸟，它们用同样的方式吸食花蜜，也同样具有鲜艳的色彩。不同的是，太阳鸟不能像蜂鸟一样在空中悬停，只能抓着花儿吸食花蜜。红簇花蜜鸟主要在大型半边莲和帝王花上觅食，也会吃一些昆虫。

黄腰太阳鸟

分布范围：印度、东南亚

生境：森林、农田

黄腰太阳鸟吃昆虫，但也会抓在植物的茎叶上吸食花蜜。它们会在枝条上建造悬垂的梨形巢。

家燕

分布范围：繁殖于北半球，越冬于南半球

生境：繁殖于有建筑物的农村

家燕用泥巴和草在建筑物及桥梁的檐下筑巢，它们大部分时间都花在空中，捕捉飞翔的昆虫。

小天鹅

分布范围：繁殖于北极，越冬于北美和欧亚大陆

生境：繁殖于多沼泽的苔原，越冬于沼泽

小天鹅是所有天鹅中繁殖范围最靠北的一种，许多小天鹅夫妇都会每年回到同样的地点繁殖。

凤头树燕

分布范围：马来西亚、印度尼西亚

生境：林缘、林地

凤头树燕与其他雨燕不同，它们能站在树枝或者电线上休息，然后用俯冲的方式捕食猎物。

白喉雨燕

分布范围：北美洲

生境：山地、悬崖

雨燕一生中大部分时间都花在飞行上，白喉雨燕是北美洲飞行速度最快的鸟类，可以达到每小时300千米。

猩红丽唐纳雀

分布范围：繁殖于北美洲东部，越冬于南美

生境：森林

唐纳雀是热带鸟类，主要吃蜜蜂和其他昆虫以及它们的幼虫。猩红丽唐纳雀是其中极少会迁徙到北方的物种。雄性在繁殖期会换上鲜艳的大红色羽毛，繁殖期过后则换成和雌鸟类似的橄榄绿色。

普通燕鸥

分布范围：繁殖于北美洲东部及欧亚大陆北部，越冬于南方

生境：海岸线、河口

燕鸥集大群生活，居住在独立的海岸、岛屿和悬崖上。它们会成双成对地在地面上挖个浅坑当作巢穴。燕鸥宝宝很吵闹，但是当大鸟同时起飞向海面飞去时，它们有时会突然陷入长达1~2分钟的寂静。

大鹎

分布范围：北美和中美洲

生境：热带雨林

鹎是长得很像鸡的大型鸟类，但是几乎不怎么能飞。遇到危险时，它们会安静地趴下，用自己带保护色的羽毛隐蔽起来。这也是为什么鹎喜欢生活在地面植被被茂密的热带雨林。受到惊吓时，鹎会尖啸着突然飞起来，但是只能飞一小段距离。它们喜欢在地面上找寻昆虫和果子吃。

扁嘴山巨嘴鸟

分布范围：哥伦比亚和厄瓜多尔的安第斯山地

生境：山地森林

扁嘴山巨嘴鸟是生活海拔最高的巨嘴鸟，居住在海拔3000米高的安第斯山上。与其他巨嘴鸟一样，它们主要吃水果和莓果。

鵎鵼（巨嘴鸟）

分布范围：南美洲

生境：热带雨林

巨嘴鸟是一类与啄木鸟具有亲缘关系的热带鸟类，它们长着巨大鲜艳的大嘴，里面充满空气，因此其实并不怎么重。鵎鵼可以用它们的大嘴从树上摘果子吃。

红腹角雉

分布范围：中国、缅甸

生境：山地森林

角雉色彩鲜艳，是一种鸡，它们主要在地面上寻找种子、花苞和叶子吃。居住在东南亚和中国的潮湿森林里。

红尾鹲
分布范围：印度、太平洋
生境：海洋
红尾鹲有着长长的暗红色尾羽，可以称得上是相貌堂堂。繁殖期的红尾鹲会变得微微发粉。

红冠蕉鹃
分布范围：非洲
生境：森林、稀树草原
蕉鹃是杜鹃的花哨非洲亲戚，它们居住在热带雨林里，主要吃水果。红冠蕉鹃飞行能力一般，但是能跑能跳能爬，还能在雨林的树枝间自由穿梭。

火鸡
分布范围：美国、墨西哥
生境：多树的田野、灌丛
火鸡是大型的禽类，一般以20只的小群体在一起活动，共同寻找种子、坚果和莓果。它们是短途飞行的高手，喜欢在树上休息。

红眼莺雀
分布范围：繁殖于北美，越冬于南美
生境：森林
红眼莺雀是不眠不休的歌手，它们一整天都在唱歌。红眼莺雀的巢是精致的杯状，建在树杈上。幼鸟12天就能够出巢。

王鹫
分布范围：中美和南美
生境：雨林、稀树草原
王鹫与加州神鹫和安第斯神鹫一样，是美洲的七种鹫之一。美洲的鹫与非洲的鹫类似，主要吃腐肉，还有秃秃的脑袋方便扎进腐肉里。王鹫靠嗅觉寻找食物。

皱脸秃鹫
分布范围：非洲、中东
生境：稀树草原、沙漠
皱脸秃鹫是非洲秃鹫中体形最大的一种。虽然它们经常是最后跑来吃腐肉的，但仗着个子大，会把其他的秃鹫推到一边去。皱脸秃鹫有大而有力的喙，能够轻松切开腐肉，它们的秃头在扎进尸体里时也能避免羽毛上沾到血污。

欧柳莺
分布范围：繁殖于欧亚大陆，越冬于非洲和南亚
生境：林地、田地
欧柳莺是欧亚大陆和澳大利亚分布的300多种柳莺中的一种。所有的柳莺都主要吃昆虫，并且都有独特的歌声。

黄林莺
分布范围：繁殖于北美洲，越冬于南美和中美洲
生境：溪流和沼泽附近的灌丛
黄林莺是美国分布范围最广的林莺之一，它们与其他林莺一样爱在树上觅食昆虫。

绿眉鸭
分布范围：繁殖于北美洲，越冬于南部
生境：沼泽
绿眉鸭虽然也被称为涉鸭，但是它们却很少通过涉水获取食物。这些鸭子一般成群结队地在沼泽里吃植物，甚至还会从其他水鸟嘴里抢饭吃。

小丘鹬
分布范围：繁殖于北美洲，越冬于南方
生境：林地
丘鹬其实是涉禽，但是它们却主要生活在森林里，用长嘴扎到土里抓蚯蚓吃。

吉拉啄木鸟
分布范围：美国西南部、墨西哥
生境：沙漠灌丛
这种啄木鸟会在大仙人掌或者牧豆树干里挖洞筑巢，雄性的头顶为红色，而雌性和亚成鸟则不红。

大斑啄木鸟
分布范围：欧洲、非洲北部、亚洲
生境：森林
大斑啄木鸟和其他啄木鸟一样会用强壮的足抓握在树干上，然后用长喙啄洞找虫吃。昆虫是它们的主食，但也吃一些水果、莓果，甚至还会吃其他鸟的幼鸟。春天大斑啄木鸟会在树干上敲击出密集的鼓点，用来标示领地范围。

鹪鹩
分布范围：欧亚大陆、非洲北部
生境：林地、田地
鹪鹩是小小的雀形目鸟类，它们经常竖着短尾巴跳来跳去，到处寻找昆虫和蜘蛛。鹪鹩喜欢在树桩子或者树根附近的空洞里筑巢。

棕扇尾莺
分布范围：欧亚大陆南部、非洲北部、澳大利亚
生境：潮湿的草地、稻田
这种小型的莺类雄性喜欢边飞边唱歌，它们会一边唱一边盘旋上升到离地30米的高度。

无脊椎动物

　　没有脊椎的动物，如昆虫、蜗牛和蚯蚓，被称为无脊椎动物。大多数无脊椎动物都很小，但它们的数量比所有其他动物加起来还要多。世界上已知的150万种动物中，有100万种是昆虫，还有大量的其他无脊椎动物生活在陆地上，包括蜈蚣、蛛形纲的蜘蛛和甲壳纲的鼠妇。

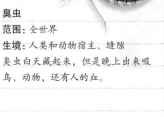

臭虫
范围：全世界
生境：人类和动物宿主、缝隙
臭虫白天藏起来，但是晚上出来吸鸟、动物，还有人的血。

游蚁（行军蚁）
范围：中美洲、南美洲
生境：雨林
和其他蚂蚁不一样，游蚁不会筑永久性的巢。相反，它们会爬过森林的地面，吃掉路上遇到的任何小生物，然后在一个称为露营地的临时巢穴中过夜，巢壁是由蚂蚁们互相攀附而成。

收获蚁
范围：全世界
生境：野外
这种蚂蚁名字来源于它们的习惯：收集种子并存储在蚁巢内特殊的谷仓中以备不时之需。

蚁蜂
范围：全世界，尤其在热带地区
生境：各种各样
这些身上有着柔软毛发的不是蚁而是蜂。它们的名字来源于雌性没有翅膀，长得像蚂蚁。

木蜂
范围：全世界
生境：花附近
雌性木蜂会啃木头，为它们的产卵室做一个隧道样的巢。它们在巢内铺上黏性花粉，产下一粒卵，然后将卵室封闭。

弓背蚁
范围：全世界
生境：木头
弓背蚁在木制建筑或者腐烂的树桩上筑巢。巢穴会破坏屋顶或墙上的木材。

切叶蚁
范围：中美洲、南美洲
生境：雨林
切叶蚁在雨林地面下的巢穴中过夜，然后黎明时分出来爬上树上将树叶切下并带回巢里。它们不吃树叶，而是用树叶做堆肥来培养真菌，然后吃这些真菌。

蚁蛉
范围：全世界，尤其在热带地区
生境：灌木和干燥的沙质地区
蚁蛉的名字来源于它们的幼虫（蚁狮），幼虫会在沙土中挖陷阱来困住蚂蚁。当蚂蚁靠近时，幼虫会向它抛土，使其落入陷阱。

木斑蜂
范围：全世界
生境：花附近
木斑蜂不能携带花粉，所以它像布谷鸟一样将卵产在别的蜂巢里。木斑蜂的卵会先孵化，幼虫会吃掉寄主储存的食物。

火蚁
范围：南美，后引入北美
生境：木头、野外
火蚁的名字来源于它们让人非常疼痛的叮咬，这也是用来攻击其他昆虫的武器。它们从南美洲被引入亚拉巴马州，现在是那里主要的害虫，因为它们会筑起巨大的巢穴，毁坏粮食，攻击家禽。

红褐林蚁
范围：欧亚大陆
生境：林地
通过捕食植食性昆虫，红褐林蚁在减少对森林树木破坏方面发挥着关键作用。红褐林蚁也取食蚜虫分泌的黏性蜜露。

蚜虫
范围：全世界
生境：绿色植物
蚜虫是一种微小的昆虫，以叶子和植物的汁液为食，能够造成很大的危害。它们繁殖迅速，但是可能会被瓢虫或蜂吃掉。

切叶蜂
范围：全世界
生境：各种各样
切叶蜂独居而不群居。它们用口器切下一片片的叶子，然后用这些叶子修筑朽木中隧道式的巢。

地蜂

范围：全世界，尤其在澳大利亚

生境：春季花朵附近

地蜂在地下挖掘长而分叉的隧道。它们将花粉和花蜜存储起来，供幼虫孵化后食用。

亚克提恩象兜

范围：南美洲

生境：雨林

在所有南美洲雨林甲虫中，没有任何一种比亚克提恩象兜（Megasoma acteon）更壮观的了。这是世界上最大的甲虫，可长到9厘米长、5厘米宽，甚至比非洲的大角花金龟还大。

大角花金龟

范围：中非

生境：雨林

大角花金龟是所有甲虫中最大的，可以达到13厘米长。不同寻常的是，大角花金龟的幼虫捕食其他昆虫。它们还能分解朽木从而使土壤变得肥沃。

锹甲

范围：全世界，尤其是热带地区

生境：阔叶林

锹甲头部硕大，上颚巨大，长相可怕，但实际上它们很无害，主要以树汁为食。

兰花蜂

范围：全世界热带地区

生境：兰花附近

兰花蜂以兰花的花蜜为食，例如爪唇兰。它们在为这些花传播花粉方面起着至关重要的作用。有些兰花会模仿蜂的样子来吸引它们。

叩甲

范围：全世界，尤其在热带地区

生境：落叶、朽木

如果叩甲背朝下掉在了地上，会躬起身体发出响亮的咔嗒声，把自己笔直地弹向空中。受到威胁时叩甲会装死。

吉丁甲

范围：全世界，尤其是热带

生境：森林

吉丁甲有着闪耀的金属光泽，通常还带有条纹、圆环和斑点。它们喜欢在刚烧过的森林的木头中产卵，幼虫在木头里啃咬出椭圆形的隧道。成虫以花蜜为食。

豉甲

范围：全世界

生境：池塘及溪流表面

这些闪亮的黑色甲虫是唯一能在水面以上游动的甲虫，它们会聚在一起快速旋转。

分舌蜂

范围：全世界，尤其在南半球

生境：土地

分舌蜂在地下修筑隧道式的巢，它们将腹部腺体分泌的物质涂抹在隧道里，分泌物干燥之后会形成透明的防水层。

拟步甲

范围：全世界，尤其是沙漠

生境：地面

拟步甲在沙漠中特别常见。它们在凉爽的夜晚出来觅食，吃朽木和昆虫幼虫。

天牛

范围：全世界，主要是热带地区

生境：森林

天牛的触角可达到身体的4倍长，幼虫危害很大，因为它们吃木材和树木。

大蜓

范围：全世界

生境：林地溪流

大蜓，又叫"勾蜓"，是一类大型的黑黄色蜻蜓，经常在森林的溪流上空盘旋。与许多别的蜻蜓不同，成年大蜓的眼睛在头顶相连。

无刺蜂

范围：全世界热带地区

生境：林地

无刺蜂不会蜇人，但是会通过咬入侵者的皮肤、给它们涂上树脂以及骚扰敌人的方式来保护自己的巢穴，不过通常它们只是撤退到地下的巢穴里。

龙虱

范围：世界范围

生境：泥沼和湖泊

龙虱生活在池塘和湖泊中。它们的后足上覆盖着毛，可以像船桨一样伸展开，推动自己在水中穿梭。潜水时呼吸保存在翅下的空气，可以在水下停留一段时间。

隐翅虫

范围：全世界

生境：土壤、真菌、落叶

隐翅虫是一种长长的短翅甲虫，魔鬼迅隐翅虫受到威胁时，腹部可以向上弯曲，像蝎子一样。

猎蝽

范围：全世界，尤其是热带

生境：各种各样

猎蝽是昆虫杀手，会猎杀毛虫等昆虫。它们用口器刺穿猎物，并注射一种能溶解组织的毒素，然后吸出受害者的体液。

鳃金龟
范围：全世界
生境：农田
金龟家族有100多类成员，鳃金龟是其中之一。古埃及人曾认为，金龟是神圣的昆虫。鳃金龟以熟过头的果实为食，但它们的白色幼虫（蛴螬）以植物的根为食，会对玉米和甘蔗等作物造成巨大的损害。

灰蝶
范围：欧亚大陆、北美
生境：篱笆、灌木、花园
灰蝶是蝴蝶中很大的一个科，包括北半球最常见的一类蝴蝶——小灰蝶。幼虫以酸模和酢浆草为食。

闪蝶
范围：南美洲
生境：热带雨林
有着闪耀蓝色光芒的闪蝶是所有蝴蝶中最美丽的一类。它们飞得很快，雄性经常在阳光下相互追逐，掠过森林。它们以掉落水果的果汁为食。

蜈蚣
范围：全世界
生境：各种各样，尤其是落叶层
蜈蚣是小型食肉动物，通常有15对足。它们不是昆虫，而是属于唇足纲。蜈蚣用毒牙杀死猎物，比如昆虫和蜘蛛。

熊蜂
范围：全世界，除南非
生境：花附近
熊蜂是大型且多毛的蜜蜂，通常为黑黄色。和所有的蜜蜂一样，它们从花中吸取花蜜做成蜂蜜，而且熊蜂在授粉过程也中起着至关重要的作用。

菜粉蝶
范围：起源于欧亚大陆，现也分布于北美和澳大利亚
生境：农田
这种蝴蝶的幼虫也被称为菜青虫，它们以卷心菜的叶子为食。有些地方认为它是害虫。

弗鲁番凤蝶
范围：亚马孙河流域
生境：木沼、灌丛
弗鲁番凤蝶是世界最濒危的蝴蝶之一，因为它的栖息地被人类开发殆尽，以便为工厂、房屋和香蕉种植园的建设让路。

亚历山大鸟翼凤蝶
范围：巴布亚新几内亚
生境：雨林
亚历山大鸟翼凤蝶是世界上最大的蝴蝶，翼展达28厘米。雄性有着亮黄色的腹部，对捕食者来说，这意味着它们是有毒的。收藏家觉得这种蝴蝶非常珍贵，因此它们几乎被猎杀殆尽。

蝉
范围：全世界，以温暖地区为主
生境：灌丛和树
蝉以雄性响亮的求偶歌声而闻名。声音是腹部一对称为鼓室的结构，通过特殊的肌肉振动发出的。

石冢鸟翼凤蝶
范围：东南亚，澳大利亚北部
生境：雨林
石冢鸟翼凤蝶是澳大利亚最大的蝴蝶，翼展超过15厘米。它们依赖森林空地的马兜铃为生。

黑脉金斑蝶
范围：美洲，或传播到其他地方
生境：马利筋属植物（幼虫）
每年秋天，数百万只黑脉金斑蝶从加拿大飞到数千英里外的墨西哥。第二年春天，它们会在返回北方的路上产卵。年轻的成虫夏天继续向北旅行。

大黄带凤蝶
范围：北美
生境：森林、果园
巨大的大黄带凤蝶是北美最大的蝴蝶之一，翼展可达14厘米。幼虫以北美南部的橘子树为食。成虫取食植物，如马缨丹和杜鹃花。

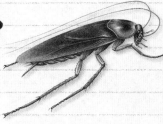

美洲大蠊
范围：最初在非洲，现在在全世界
生境：潮湿、黑暗的缝隙
美洲大蠊有着扁平的身体，能够挤入缝隙中寻找食物或者躲避捕食者。有些种类在温暖、肮脏的地方茁壮生长，特别是食物充足的地方。

德国小蠊
范围：全世界
生境：落叶、垃圾、建筑物
德国小蠊是厨房和食品店里常见的害虫，繁殖迅速。德国小蠊不像美洲大蠊，它们有着较为透明的翅膀。

蟋蟀
范围：全世界
生境：林地、草地地表
蟋蟀通过摩擦前翅基部的特殊褶皱来"唱歌"吸引配偶，发出一种高频的唧唧声。

春蜓
范围：全世界
生境：池塘、湖泊、河流
与其他蜻蜓不同，春蜓会用在栖木上等待观察的方式发现猎物。一旦看到猎物就会冲出去抓住，然后再返回栖木上。

蠼螋
范围：起源于欧洲，现分布于全世界
生境：各种各样
蠼螋吃植物和其他昆虫，身体末端有用来捕捉猎物的夹子。它们经常生活在花中，有时候被当成花园中的害虫。

巨疣蠊（马达加斯加岛发声蟑螂）
范围：马达加斯加岛
生境：雨林
这个物种的雄性会互相争斗，获胜后，会通过身上被称为"气门"的呼吸孔挤出空气，发出唧唧声。雄性为讨好雌性也会发出唧唧声。

蟌
范围：全世界
生境：湿地、沼泽、池塘
蟌与蜻蜓有亲缘关系，但它们更小更瘦，休息时垂直地贴着茎秆，翅在背后展开。

蜓
范围：全世界
生境：缓慢流动的水
蜓包括所有蜻蜓中一些体形最大的、最强壮以及飞行最迅速的物种。捕猎时，它们会快速地前后移动，准备抓住猎物。

长角球螋
范围：全世界，主要是热带
生境：海滨、落叶、残骸
长角球螋又称为"纹球螋"，夜行性，晚上出来捕食其他昆虫。受到攻击会喷出一种难闻的液体。

大蚊
范围：全世界
生境：水边为主
大蚊看起来像个子大腿又长的蚊子，但它们其实不咬人。事实上，它们什么都不吃，因为在幼虫时期就已经吃够了。

狭翅蟌
范围：北半球
生境：池塘、泥沼、溪流
狭翅蟌以植物上的小昆虫为食，在茎秆上时，翅会收拢。

石蛛
范围：全世界
生境：木头缝隙
大部分蜘蛛有8个眼，像石蛛这样的只有6个，围成一个环形。石蛛白天躲在石头下，晚上出来捕食潮虫。这种蜘蛛能用巨大的毒牙刺穿潮虫坚硬的身体。

斑衣鱼
范围：全世界
生境：炎热、潮湿的地方
斑衣鱼是一种衣鱼。它们生活在建筑物里温暖的地方，例如烤箱和热管道附近。斑衣鱼跑得很快，到处寻找食物碎屑吃。

蝼蛄
范围：全世界
生境：溪流附近潮湿沙子或土壤
蝼蛄看起来非常像小鼹鼠，身上覆盖着柔软的绒毛，用像铲子一样的前足在地上挖洞。

蜻
范围：全世界
生境：各种各样，包括溪边的山林
蜻的英文名字来源于它们快速、迅捷的飞行方式，常常在追逐猎物时贴着水面飞行。

蚯蚓
范围：全世界
生境：主要为潮湿土壤
蚯蚓是最常见的环节动物，钻入地下吞食土壤，消化枯枝和腐烂的植物，然后排出剩余物质，这些物质与土壤混合，保持土壤肥沃。

萤火虫
范围：全世界
生境：林地、潮湿草地
萤火虫在交配时会发出绿色的冷光。雄性飞到略高于地面的地方闪烁光芒，雌性从地面或树上闪烁着回应，来指导雄性飞向自己。

果蝇
范围：全世界
生境：水果为主
果蝇以花蜜和烂熟水果的汁液为食。有些种类把卵产在橙子等水果的表皮上，幼虫孵化后吃掉水果。

食虫虻
范围：全世界
生境：各种各样，尤其是干草地
这是一种飞行快速的强大昆虫，可以在空中捕捉并杀死其他昆虫，或者在地面上扑向它们。它们刺穿受害者的脖子，将其吸干。

斑腿蝗
范围：全世界炎热地区
生境：主要是草地
斑腿蝗的触角很短。和所有蝗虫一样，它们有着强有力的后足，借助较小的翅膀辅助可以跳跃很远的距离。

猫栉头蚤
范围：全世界
生境：猫身上
猫栉头蚤是一种小型昆虫，生活在哺乳动物身上并以它们的血液为食。它们没有翅膀，但却有惊人的跳跃能力，能够跳跃自身长度的200倍距离，可以从一个宿主身上跳到另一个宿主身上。猫栉头蚤在家中最常见，会咬人和狗，还有猫。

家蝇
范围：全世界
生境：花、粪便、垃圾
家蝇是地球上数量最多的动物之一，它们会从任何甜的或者腐烂的东西中吸取液体，幼虫通常生长于粪便或垃圾中。

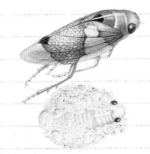

沫蝉
范围：全世界，尤其是热带
生境：灌丛、树林
这些小昆虫可以像青蛙一样跳跃。它们将卵产在植物茎上。若虫孵化会把自己包裹在像唾液一样的泡沫中。

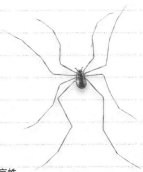

盲蛛
范围：全世界，主要是温暖地区
生境：石头下、落叶层
盲蛛看起来像蜘蛛，但身体更加椭圆，而且没有腰部。它们以小昆虫为食，例如跳虫，但是不织网。

蚜蝇
范围：全世界
生境：偏好平顶花型的花
蚜蝇是一类神奇的蝇，寻找花蜜时，可以前后左右来回地飞。有些蚜蝇可以模仿蜂类来震慑捕食者。

穿皮潜蚤
范围：美洲、热带
生境：哺乳动物和鸟类寄主
穿皮潜蚤是一种寄生虫，会攻击各种动物，包括人类。怀孕的雌性会在人的脚上钻洞，引起脚上的皮肤增生将它们包裹起来，幼蚤孵化后脱离寄主，在地上度过余生。

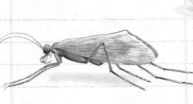

石蛾
范围：主要在北半球
生境：池塘、湖泊、河流附近
石蛾看起来有些像蛾子，但它们身上覆盖着毛发而不是鳞片。雌性通常在水面以下产卵，卵呈串珠状，并被黏性物质包裹。幼虫羽化为成虫，然后从水里出来。

直翅目
范围：全世界炎热地区
生境：主要是草地
蛩与蟋蟀、螽斯和蝗虫都是直翅目昆虫。蛩和蝗虫都是素食者，主要以植物为食。

头虱
范围：全世界
生境：人类、猿、猴子
头虱是一种扁平的小昆虫。它们用强有力的爪子抓住宿主的毛发，然后吸食它们的血液。

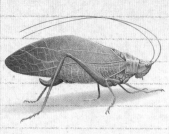

西方蜜蜂
范围：全世界（南非除外）
生境：花附近
蜜蜂和熊蜂很像，但是体形更小更纤细。西方蜜蜂是最著名的蜜蜂，最初来自亚洲，现在已经传播到全世界，一方面是它们能制造蜂蜜；另一方面是能够传播花粉。

螽斯
范围：全世界，主要是热带地区
生境：植被上、森林里
螽斯是体形狭窄的直翅目昆虫，看起来有点像绿色的叶子，很难在其生活的灌丛中辨认出来。它们的英文名来自北方雄性纺织娘的歌声；听起来像"Katy did"。

红带雕叶蝉
范围：全世界
生境：任何有植被的地方
红带雕叶蝉是一种色彩鲜艳的昆虫。它们以植物汁液为食，有着强有力的后足可以在植物之间跳跃。

啮虫
范围：全世界
生境：树皮
啮虫也叫"树皮虱"，但是和身上的虱子并不属于同一目。事实上，它们大部分都有翅膀。大多数生活在树皮上，以苔藓和藻类为食。有类似的昆虫称为"书虱"，它们以纸和人类存储的食物为食。

成虫

幼虫

金环胡蜂
范围：欧亚大陆、北美
生境：林地
金环胡蜂是社会性的蜂，生活在由咀嚼过的木头做成的巨大纸质巢中，蜂群由蜂后控制。胡蜂有着危险的蜇刺，捕食其他昆虫，不过也取食花蜜。

草蛉
范围：全世界，尤其是干燥地区
生境：植被、蚁巢
草蛉在夜间捕食蚜虫、蓟马和螨虫。它们会被灯光吸引，可能在秋天进入人类的房屋冬眠。

叶䗛
范围：热带亚洲、澳大利亚
生境：树叶
这些看起来很奇怪的昆虫的外形长得很像它们赖以生存的树叶，甚至连叶脉都有模仿。它们的卵看起来甚至像植物的种子，所以很难被捕食者发现。

鸟虱
范围：全世界
生境：鸟身上
鸟虱相当于鸟类的头虱。每个足上有两个爪子，用来抓住寄主的羽毛。它们用强有力的口器咬碎羽毛吃。

瓢虫
范围：全世界
生境：叶子上
瓢虫是一种小甲虫。因为它们以毁坏植物的蚜虫为食，所以在害虫控制上起着很大的作用。瓢虫鲜艳的颜色警告敌人它的味道并不好。

虻
范围：全世界
生境：哺乳动物附近
虻有着巨大的彩虹色眼睛，雄性以花蜜和花粉为食，雌性以哺乳动物的血液为食——它们吸食马、鹿、人类以及其他大型哺乳动物。这些虻可能会在动物间传播疾病。

沙漠蝗
范围：非洲、亚洲
生境：温暖地区
蝗是植食性的直翅目昆虫，最著名的就是沙漠蝗。在特定的天气条件下，数以亿计的蝗虫聚集起来，落地后大快朵颐，给庄稼带来毁灭性打击。

安哥拉怪螳
范围：安哥拉
生境：热带雨林
在长满青苔的树枝上几乎看不到安哥拉怪螳。它们一动不动地等待着猎物，然后在一瞬间发动攻击。

花螳
范围：全世界热带地区，除澳大利亚
生境：植被
花螳捕食在花上生活的昆虫。它们通常有着可以帮自己藏在花丛里的隐蔽体色。

蠓
范围：全世界
生境：池塘附近、溪流
这是一大类小飞虫，有的咬人，有的不咬人。黄昏时分它们会聚集成群。咬人的小飞虫还会吸血，而且咬的包很痒。

绒螨
范围：全世界，特别是热带地区
生境：大部分在土壤表面或土壤中
绒螨有着红色或橙色天鹅绒般柔软的身体。它们生活在土壤中，主要以昆虫卵为食。在一年中的某些时刻——通常是在雨后，成虫会出来交配。

蚕蛾
范围：起源于中国
生境：林地
许多蚕蛾的幼虫都会吐丝，但其中最著名的是家蚕。家蚕以桑树为食，人们为了得到结茧时吐出来的丝，饲养培育家蚕4000多年。蚕原产于中国，世界各地都有人养蚕，但现在在野外已经灭绝了。

螳螂
范围：全世界，主要是温暖地区
生境：植被
螳螂是致命的猎手，它们通过保持完全静止然后突然出击的方式来捕捉猎物。等待猎物时，它们强有力的前足会收在一起，就像在祈祷一样。

带马陆
范围：北半球
生境：落叶层
作为马陆，带马陆的扁平形状不太常见。如果在落叶层中穿行时受到攻击，它们会喷射有毒的化学物质。

乌桕大蚕蛾
范围：南亚
生境：热带森林
这是世界上最大的蛾子之一，它的翅展有30.5厘米宽，颜色丰富多彩，每边翅膀都有两个几乎透明的三角形翅窗。

棉叶波纹夜蛾
范围：美洲温暖地区
生境：棉花
棉叶波纹夜蛾是夜间飞行的蛾子，翅上有两个闪烁的眼睛，黄绿色的幼虫以棉花为食，对棉花作物有极大的危害。

螳蛉
范围：全世界，主要是温暖地区
生境：茂密的植被
螳蛉是草蛉的近亲，但它看起来和小螳螂非常相似，而且用前足捕捉猎物的方式也一样。

山蛩
范围：主要是北半球
生境：落叶层、朽木
山蛩不是昆虫，这种长长的生物属于倍足纲，是马陆的一种。它们在落叶层中穿行，以植物为食。

成虫

稚虫

蜉蝣
范围：全世界
生境：溪流、河流、池塘
蜉蝣以稚虫状态在水下生活很多年，以藻类为食，一旦成年离开水，它们就不再吃东西了，几小时后便会死去，这时间刚好够交配和产卵。

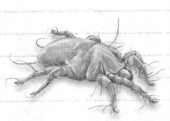

尘螨
范围：全世界
生境：房屋
螨虫是一大群微小的蛛形纲动物（和蜘蛛一样）。尘螨以屋里的皮肤碎屑为食，它们的粪便往往会引起过敏反应。

透翅天蛾
范围：澳大利亚
生境：草地
透翅天蛾在白天活动，当它们盘旋着从花中吸取花蜜的时候，看起来非常像蜜蜂。幼虫以鱼骨木的叶子为食。

成虫

幼虫

尺蛾
范围：欧亚大陆南部、非洲
生境：阔叶林
尺蛾在蛾子中比较特殊，因为休息时它们的翅膀都是展开的。幼虫叫尺蠖，会在树叶上吃出几何形状的环，对树木造成伤害。

舞毒蛾
范围：起源于欧亚大陆，现在北美也有分布
生境：温带森林
舞毒蛾于1869年被带到北美以供应丝绸，但计划失败，舞毒蛾逃脱了，并且它们的幼虫在野外造成了非常大的破坏，吃掉了途经的常绿植物和阔叶林。它们有时能在一个季节里毁掉整个森林。

长喙天蛾
范围：欧亚大陆，南部除外
生境：灌丛
长喙天蛾在花朵前盘旋，用长长的喙吮吸花蜜的时候，和蜂鸟非常的相似。

夹竹桃天蛾
范围：非洲、南亚、欧洲的夏季
生境：亚热带森林
夹竹桃天蛾的颜色是惊艳的绿色和紫粉红色，但是在树叶的映衬下，这些图案是很好的伪装。幼虫以夹竹桃、长春花和葡萄藤为食。

欧洲黄脉天蛾
范围：欧洲、西亚
生境：幼虫在白杨树上
像其他天蛾一样，欧洲黄脉天蛾在夜间觅食。白天栖息在树干上，身上的图案可以很好地伪装于树皮中。

幼虫

成虫
二尾舟蛾
范围：欧洲、亚洲、北非
生境：森林
二尾舟蛾主要在夜间觅食。白天，它们像枯叶蛾一样躲在落叶层中睡觉，或者像加州栎舟蛾一样躲在树干上。每种木头都吸引特定的蛾子。橡树能引来卷叶蛾和二尾舟蛾。受到威胁时，二尾舟蛾幼虫会从尾部喷出甲酸。

灯蛾
范围：欧亚大陆，有时北美
生境：林地、花园
灯蛾的颜色如此鲜艳，以至看起来像蝴蝶一样。这颜色在警告捕食者它们很难吃，或是在模仿其他味道不好的物种。

白眉天蛾
范围：北美、欧亚大陆、非洲
生境：温暖的开阔地区，包括沙漠和花园
和夹竹桃天蛾一样，白眉天蛾是飞行最快的昆虫之一，其飞行速度可以达到每小时50千米。它们也会飞行很长距离去繁殖。

盲蝽
范围：全世界
生境：有植被区域
盲蝽是微小的昆虫，它们有针状的口器，用来刺穿食物并吸出汁液。大多数盲蝽以树叶为食，包括农作物，但也有一些以蚜虫为食。

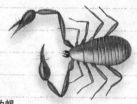

伪蝎
范围：全世界，尤其是温暖地区
生境：落叶层、树皮
伪蝎是蝎子微小的近亲，生活在落叶层中，但是它们的尾部没有刺，而是在螯上有毒腺。

叶蜂
范围：全世界，尤其是凉爽的北半球
生境：花园、牧场、树林
叶蜂看起来有些像黄蜂，但没有螫针。雌性将卵产在叶子上，形成疤痕或虫瘿。

蝎
范围：全世界，大部分温暖区域
生境：典型的沙漠
很多蝎子尾部都有危险的刺，这对人类来说有可能是致命的。然而，它们通常用螯肢捕捉猎物。

鞭蝎
范围：热带北美、南美、南亚
生境：土壤、洞穴、沙漠
鞭蝎的尾巴又细又长，没有螫刺。它们有时被称为"醋蝎"，因为受到威胁时，会从尾巴基部喷出酸性液体。

避日蛛
范围：中美洲和北美南部
生境：温暖、干燥区域，例如沙漠
避日蛛是一种快速奔跑的猎手，晚上捕食昆虫甚至是小蜥蜴。

蝎蛉
范围：全世界，大部分于北半球
生境：植被中的阴凉地区
蝎蛉之所以得名，是因为雄性尾部隆起向上的生殖器看起来就像蝎子的螯刺。

衣鱼
范围：全世界，尤其是较暖的区域
生境：黑暗、温暖的区域
衣鱼是一种微小的无翅六足动物。有些种类生活在黑暗、温暖的室内，以面粉、湿衣物、纸和墙纸糨糊为食。

灰蜻

范围：全世界

生境：通常在水流缓慢的溪流附近、池塘

灰蜻是身体结实、扁平的蜻蜓，但翅通常很长，翼展可达 10 厘米。它们通常在静止或缓慢流动的水附近。

黑蛞蝓

范围：欧洲、北美

生境：林地、农场、花园

蛞蝓是软体动物，像蜗牛一样，但是没有壳，移动时，会留下一条有光泽的黏液，方便它们前进。蛞蝓通过气味寻找植物吃。

花园大蜗牛

范围：起源于欧洲，引入其他地方

生境：林地、农场、花园

蜗牛是一种软体动物，被称为"腹足类动物"，以植物和动物为食。它们有一种特殊的嘴称为齿舌，里面充满了牙齿。

寇蛛（黑寡妇蜘蛛）

范围：美国南部

生境：木堆或垃圾堆

雌性美国寇蛛叮咬释放的毒液比响尾蛇更致命。虽然毒液量很小，但如果不迅速注射抗毒血清，就会致人死亡。

漏斗蛛

范围：欧亚大陆、北美、澳大利亚

生境：建筑物

漏斗蛛有着长长的毛茸茸的腿，在黑暗角落织起又大又平的网。它们潜伏在蛛网下的一根丝质管子里等待，然后冲出去抓住任何被缠住的猎物。

异纺蛛

范围：全世界热带地区，除南美外

生境：地面、树干

这些蜘蛛住在洞穴中，结漏斗状的网来捕捉猎物。悉尼的异纺蛛毒性很强。

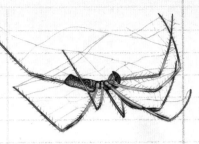

络新妇蛛

范围：亚热带、热带美洲

生境：潮湿开放的森林

这种蜘蛛能织出结实的网，保护自己不受捕食者的伤害，网同时也可以捕捉猎物。它们织网的丝的强度比防弹背心用的凯芙拉纤维还要高。雌性体重是雄性的 100 倍。

猫蛛

范围：全世界温暖区域

生境：灌丛、高草

猫蛛是移动迅速的猎手，很少结网，而是从一片叶子跳到另一片叶子上追逐猎物。它们视力很好，会通过自身的绿色来隐藏自己，然后猛扑向盲蝽、火蚁和其他昆虫。

蛇蛉

范围：北半球

生境：树林、植被

蛇蛉得名于它们的长脖子，它们像眼镜蛇捕捉猎物一样抬起头，然后突然猛扑过去将其抓住。主要捕食甲虫幼虫和蚜虫。

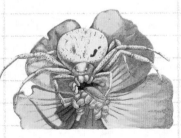

蟹蛛

范围：全世界

生境：公园、花园

蟹蛛得名于它们像螃蟹一样的奔跑方式。虽然交配时较小的雄性会用丝将雌性绑住，但是它们不织网，通常在花朵上潜伏着等待猎物。

园蛛

范围：全世界

生境：草地、森林、花园

这类蜘蛛晚上织网，白天等待猎物陷入网中。如果蛛网坏了，蜘蛛不会修补，而是会吃掉它然后织一张新的网。

跳蛛

范围：全世界，尤其是温暖区域

生境：树林、草地、花园围栏

跳蛛有着非同寻常的视力，它们不织网捕猎，而是依靠跳跃来抓住猎物。在跳跃前会带着一根丝质的安全绳，这可以帮助它们返回藏身处。

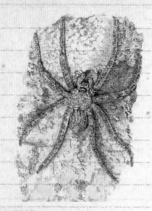

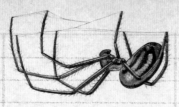

银鳞蛛
范围: 全世界
生境: 林地、花园
银鳞蛛属于圆蛛类, 但却不会织网, 会坐在树枝上, 等待着路过的蛾子, 然后用强壮的前足抓住它们, 这些蛾子也可能是被气味引诱来的。

螳蛉
范围: 全世界
生境: 地下
螳蛉生活在带铰链盖子的洞穴中。蜘蛛在洞中等待, 直到感觉猎物在头上移动就跳出去将其抓住。

蝽
范围: 全世界
生境: 灌丛和树
蝽的名字来源于它们向攻击者喷射的恶臭液体。像所有虫子一样, 它们从植物或昆虫身上汲取营养。

巨蟹蛛
范围: 全世界温暖区域
生境: 地面、树干
蜘蛛, 例如巨蟹蛛, 在夜间捕食时依靠自己的土褐色和模糊的轮廓来隐藏自己。它们能以极快的速度横向移动来捕捉猎物。

地蛛
范围: 全世界
生境: 地下
这种蜘蛛在倾斜洞中织出一根丝质的管子。管子顶虽伸出地面, 但是却隐藏在树叶下。当昆虫落在管口, 蜘蛛会抓住它并将其拖入洞中。

水蛛
范围: 欧亚大陆
生境: 流动缓慢或静止的水
这是唯一一种在水下生活的蜘蛛, 能够游泳、潜水, 还可以织出钟形的气泡网, 注满空气, 生活在里面, 并从气泡中对猎物发起进攻。

石蝇
范围: 全世界, 澳大利亚除外
生境: 溪边的植物
石蝇看起来有点像蜻蜓, 但不善飞, 一天中的大部分时间都双翅并拢停在石头上休息。尽管有一些会捕食昆虫, 但它们主要以植物为食。

盗蛛科
范围: 全世界
生境: 地面、水生植物
盗蛛织网不是为了捕猎而是为了保护幼虫。雌性会带着卵囊直到卵即将孵化, 然后在卵周围织网, 并守卫着直到小蜘蛛孵化出来。

皿蛛
范围: 全世界
生境: 草地、森林、花园
这一科有超过3500种小小的蜘蛛, 织挂在蛛丝上的垫状蛛网。当昆虫飞过蛛丝便会掉落在网上然后被它们抓住。阴暗拟撩蛛就是一种皿蛛。

狼蛛
范围: 全世界
生境: 各种各样
狼蛛是拥有敏锐视觉的游荡猎人, 会缓慢靠近猎物然后猛地冲过去抓住它们。雌性会为卵织茧。

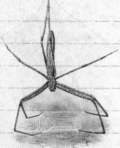

鬼面蛛
范围: 全世界
生境: 林地、草地
鬼面蛛因其有着大眼睛的面部而得名, 是一种抛网的蜘蛛, 这意味着它们随身带着网, 然后像撒网一样将其扔到猎物身上。

花皮蛛
范围: 全世界温暖地区, 除澳大利亚、新西兰
生境: 岩石下面、建筑物中
这种蜘蛛通过喷出两条锯齿状的黏性物质将猎物粘住。

蟾
范围: 全世界, 澳大利亚除外
生境: 灌丛和树
白天一动不动的时候, 蟾看起来很像小树枝, 肉食性鸟类很难发现它们。晚上它们以树叶为食。

心翅裳夜蛾
范围: 北美
生境: 森林、花园
这种蛾子通常很难被发现, 斑驳的颜色与白天休息的地方——树皮很好地融合在一起, 但如果受到惊吓, 会显示出后翅闪亮的粉红色, 用来吓退攻击者, 这也是它们名字的由来。

红脚短尾蛛

范围：全世界的温暖区域，南澳大利亚除外

生境：沙漠、森林

红脚短尾蛛是大型蜘蛛，也叫作"捕鸟蛛"，因为它们有时会捕食小鸟，可长到28cm长。

砂白蚁

范围：热带地区

生境：干燥树木，包括木材

这些白蚁会啃咬干燥的木材，包括家具、横梁和房屋的木板。肠道中的微生物能帮助它们消化木材。有着巨大头部和巨大上颚的特殊兵蚁保卫着蚁群。

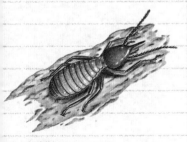

象白蚁

范围：热带地区

生境：地面

大多数白蚁的领地都有专门的兵蚁来保护，使其不受蚁等敌人侵害。象白蚁的吻特别长，它们用这种吻状结构向任何不幸的入侵者喷射黏稠、恶臭的液体。

散白蚁

范围：热带地区

生境：土壤和木材中

这些白蚁生活在温暖林地的地下巢穴中。它们以腐烂的树木和树根为食，但是有些种类也是严重的木材害虫。

硬蜱

范围：全世界

生境：鸟类、哺乳动物、爬行动物宿主身上

蜱是一种寄生虫，它们以鸟类、哺乳动物和爬行动物的血液为食。蜱的幼体在进食期间会在寄主身上停留数天，然后脱落，变为成虫。

角蝉

范围：全世界温暖区域

生境：树上

角蝉得名于胸部被称为前胸背板的部分延伸呈角状的形态。这是一种伪装，不过也使得它们很难被吃掉。

蛛蜂

范围：全世界，温暖区域除外

生境：各种各样，蜘蛛附近

成年的蛛蜂以花蜜为食，但是当要产卵时，雌性会用毒刺麻痹蜘蛛并抓住，然后把蜘蛛拖入洞中，产下一枚卵，并将洞封住。蜘蛛会成为幼虫的食物。

普通黄胡蜂

范围：欧洲

生境：阁楼或洞穴

这些黄胡蜂在阁楼或者地下筑巢。它们以花蜜和成熟的水果为食，但也会捕捉昆虫喂养幼虫。这种胡蜂以它们尾部末端的刺而闻名。

瘿蜂

范围：全世界，大部分在北半球

生境：宿主树木、植物

瘿蜂是在植物上产卵的小型蜂类。植物受到刺激会形成一种叫作虫瘿的伤疤，可以保护和滋养孵化的幼虫。

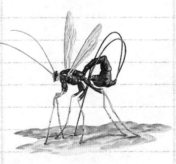

姬蜂

范围：全世界，尤其是温暖区域

生境：寄生昆虫，如甲虫

这些蜂将卵产在其他昆虫或其幼虫的体表或体内。卵孵化后，幼虫就以寄主为食。

胡蜂

范围：全世界

生境：各种各样

胡蜂属于社会性蜂类，它们有秩序地生活在蜂王周围，用咀嚼过的木头和唾液制成的纸质材料筑巢。

丑螽

范围：新西兰

生境：草地、林地

丑螽的英文名"Weta"来自毛利语对巨丑螽的称呼"wetapunga"，意思是"丑陋之神"。在新西兰，除了巨丑螽外还有100多种丑螽。树丑螽整天待在树洞里，带尖刺的后足露在外面。地丑螽生活在土里挖的隧道中。

鼠妇

范围：欧亚大陆

生境：落叶、木屑

鼠妇和螃蟹一样是甲壳类动物，但却生活在陆地上。它们白天躲在潮湿黑暗的地方，晚上出来吃腐烂的植物和昆虫尸体。

黄胡蜂

范围：北美

生境：森林、田野、城镇

黄胡蜂相当于欧洲的普通黄胡蜂。和它一样，黄胡蜂以花蜜以及其他甜的东西为食，但也捕捉昆虫喂养幼虫。如果巢穴受到威胁，雌性会有攻击性地蜇人。